SMALL ARMS OF WORLD WAR II

【圖解】第二次世界大戰

各國輕兵器

■作畫 上田信
■解說 沼田和人

U0096033

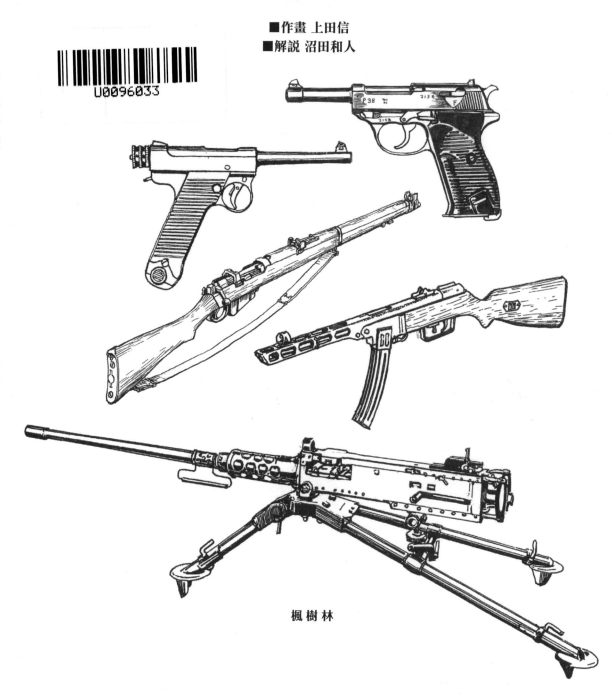

楓樹林

CONTENTS

美軍

第二次世界大戰時期，
美軍領先世界全面配發半自動步槍。
之所以能夠做到這點，
除了具備足以進行大量生產的工業實力，
還須仰賴自建國以來便致力於槍械研發、
生產的眾多優良槍廠。

手槍

20世紀初，軍用手槍從轉輪手槍變成自動手槍。美軍也順應時代潮流，採用了新型自動手槍M1911。1926年，改良型的M1911A1制式採用，第二次世界大戰除了M1911A1之外，還有搭配數種轉輪手槍作為輔助。

M1911與M1911A1

口徑：.45口徑（11.43mm）
彈藥：.45ACP彈（11.43×23mm）
裝彈數：7發彈匣
作動方式：半自動
全長：217mm
槍管長：126mm
重量：1.1kg

1906年1月，美國陸軍開始募集半自動手槍設計，包含美國的柯特公司等國內外7家廠商都有參與評選，1911年3月獲得採用的是柯特推出的槍型，制式名稱為「U.S.自動手槍.45口徑1911型」。

《M1911》

〔M1911→M1911A1的改良點1〕
加大準星厚度以及罩門溝槽寬度，使其更容易瞄準。

〔改良點2〕
為了能更容易按下擊錘待擊，於擊錘加上止滑溝，並延長擊錘壓板。

《M1911A1》

〔改良點5〕
將扳機改短，讓手指更容易扣引扳機，並於握把架局部加上溝槽。

〔改良點3〕
延長握把保險突出部。

〔改良點4〕
將擊錘簧室加上圓弧構造。

為避免射擊時傷到虎口，握把保險的突出部有加長。

〔改良點6〕
整個握把加上紋路。

改良自M1911的M1911A1於1926年5月17日獲得採用。第二次世界大戰時期，為了滿足軍方訂單，除柯特公司以外的槍廠也會生產。

M1917 轉輪手槍

M1917是第一次世界大戰時期為彌補M1911數量不足而緊急生產的轉輪手槍,製造工程較為簡易。S&W公司與柯特公司都有生產,二次大戰時期也有用於後方基地警衛。

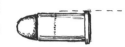

〔凸緣彈〕
通常轉輪手槍使用的子彈都是底部有凸緣的類型。

《S&W D.A. M1917》

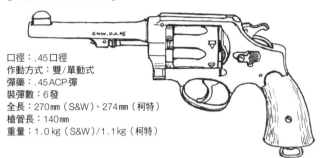

口徑:.45口徑
作動方式:雙/單動式
彈藥:.45 ACP彈
裝彈數:6發
全長:270mm(S&W)、274mm(柯特)
槍管長:140mm
重量:1.0kg(S&W)/1.1kg(柯特)

〔無緣彈〕
自動手槍使用的子彈底部邊緣會與彈殼直徑相同。

〔半月夾〕
由於M1917轉輪手槍使用與M1911A1相同的.45ACP彈,因此裝有能將無緣彈裝入彈巢的「半月夾」。每片半月夾可夾帶3發子彈,連同夾片一起裝入彈巢。

《柯特D.A. M1917》

《M1917用M2槍套》

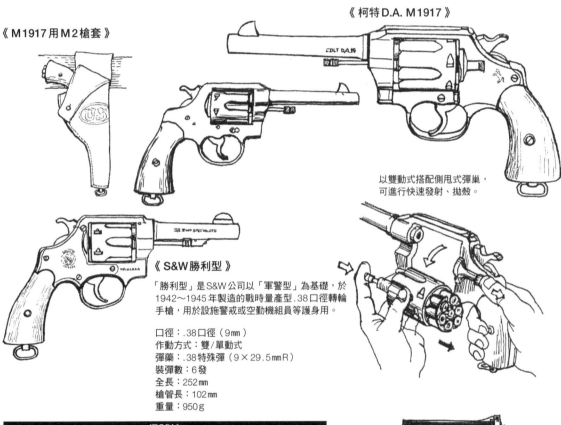

以雙動式搭配側甩式彈巢,可進行快速發射、拋殼。

《S&W勝利型》

「勝利型」是S&W公司以「軍警型」為基礎,於1942~1945年製造的戰時量產型.38口徑轉輪手槍,用於設施警戒或空勤機組員等護身用。

口徑:.38口徑(9mm)
作動方式:雙/單動式
彈藥:.38特殊彈(9×29.5mmR)
裝彈數:6發
全長:252mm
槍管長:102mm
重量:950g

信號槍

於地面、海上、飛機上使用,發射一般信號或求救信號用的照明彈或信號彈。

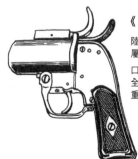

《AN-M8》

陸海軍航空隊使用的求救信號槍。屬於中折式雙動槍型。

口徑:37mm
全長:213mm
重量:952g

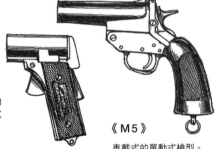

《M2》

陸軍航空隊的求救用單動式槍型。

口徑:37mm
全長:137mm
重量:1.4kg

《M5》

車載式的單動式槍型。

口徑:10鉛徑(19mm)
全長:190mm
重量:739g

步槍

第二次世界大戰初期，美國軍隊的主要步槍為M1903A1，但隨著M1步槍的成熟及大量生產。直到1943年，半自動的M1步槍成為了美國軍隊的主力步槍。

《M1》

M1步槍為1936年研製的半自動步槍，制式名稱為「U.S步槍.30口徑M1」，但多會以研製者的名字稱其為M1加蘭德步槍。雖然它從1938年就開始配備，但要等到1942年10月以降才在實戰中成為主力步槍。

M1步槍（M1加蘭德）

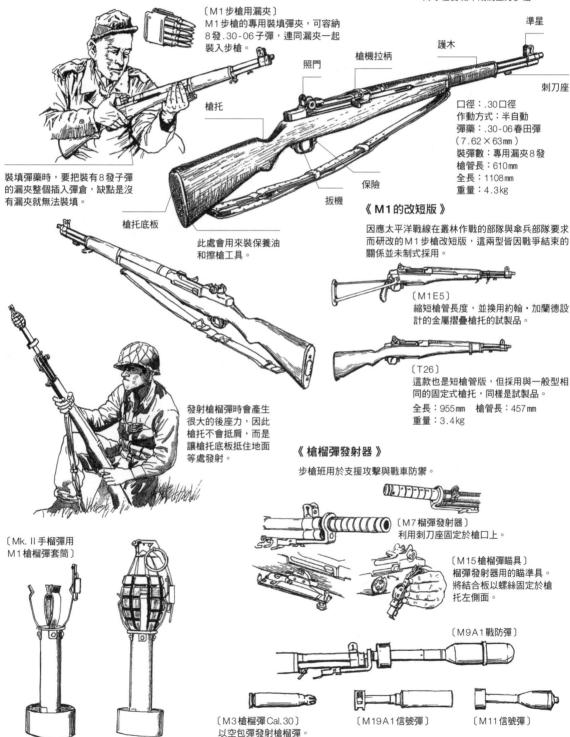

〔M1步槍用漏夾〕
M1步槍的專用裝填彈夾，可容納8發.30-06子彈，連同漏夾一起裝入步槍。

照門

槍機拉柄

護木

準星

刺刀座

槍托

裝填彈藥時，要把裝有8發子彈的漏夾整個插入彈倉，缺點是沒有漏夾就無法裝填。

保險

扳機

口徑：.30口徑
作動方式：半自動
彈藥：.30-06春田彈
（7.62×63mm）
裝填數：專用漏夾8發
槍管長：610mm
全長：1108mm
重量：4.3kg

槍托底板

此處會用來裝保養油和擦槍工具。

《M1的改短版》

因應太平洋戰線在叢林作戰的部隊與傘兵部隊要求而研改的M1步槍改短版，這兩型皆因戰爭結束的關係並未制式採用。

〔M1E5〕
縮短槍管長度，並換用約翰·加蘭德設計的金屬摺疊槍托的試製品。

〔T26〕
這款也是短槍管版，但採用與一般型相同的固定式槍托，同樣是試製品。
全長：955mm　槍管長：457mm
重量：3.4kg

發射槍榴彈時會產生很大的後座力，因此槍托不會抵肩，而是讓槍托底板抵住地面等處發射。

《槍榴彈發射器》

步槍班用於支援攻擊與戰車防禦。

〔M7榴彈發射器〕
利用刺刀座固定於槍口上。

〔M15槍榴彈瞄具〕
榴彈發射器用的瞄準具。將結合板以螺絲固定於槍托左側面。

〔Mk.II手榴彈用
M1槍榴彈套筒〕

〔M9A1戰防彈〕

〔M3槍榴彈Cal.30〕
以空包彈發射槍榴彈。

〔M19A1信號彈〕

〔M11信號彈〕

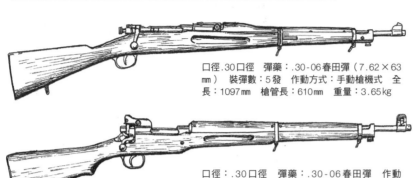

手動槍機式步槍

口徑.30口徑　彈藥：.30-06春田彈（7.62×63mm）　裝彈數：5發　作動方式：手動槍機式　全長：1097mm　槍管長：610mm　重量：3.65kg

《 M1903A1 》

活躍於第一次世界大戰的手動槍機式步槍M1903的改良型。1942年以降，雖然美軍的主力步槍改成半自動式的M1加蘭德，但由於戰時大量動員導致M1步槍供應不足，有些部隊仍使用M1903A1。

口徑：.30口徑　彈藥：.30-06春田彈　作動方式：手動槍機式　裝填數：6發　全長：1175mm　槍管長：660mm　重量：4.17kg

《 M1917恩菲爾德 》

將英軍的P14步槍改造為美國.03-06彈規格的步槍。第二次世界大戰時期為彌補M1步槍不足，配備於非戰鬥部隊等單位。

狙擊槍

第二次世界大戰時期的美軍有配備以M1903與M1為基礎發展出的狙擊槍。戰爭結束前，陸軍與陸戰隊曾用過多款瞄準鏡。

陸戰隊的狙擊兵曾在太平洋的叢林戰中大顯身手。

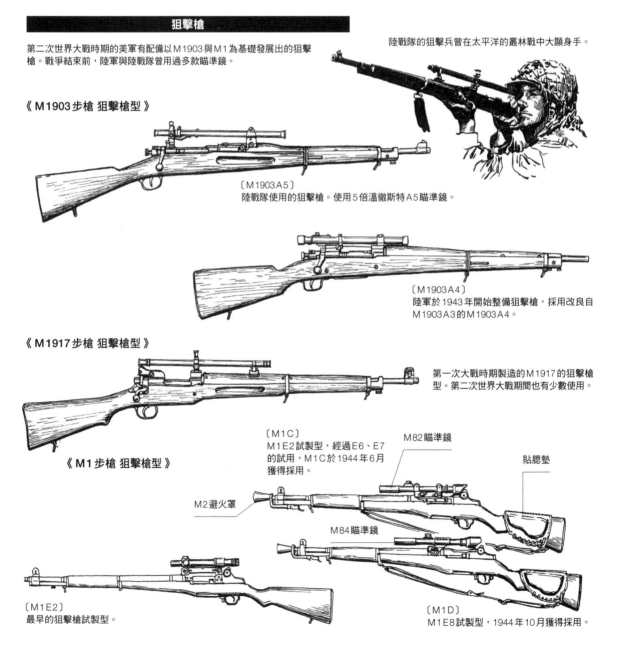

《 M1903步槍 狙擊槍型 》

〔M1903A5〕
陸戰隊使用的狙擊槍。使用5倍溫徹斯特A5瞄準鏡。

〔M1903A4〕
陸軍於1943年開始整備狙擊槍，採用改良自M1903A3的M1903A4。

《 M1917步槍 狙擊槍型 》

第一次大戰時期製造的M1917的狙擊槍型。第二次世界大戰期間也有少數使用。

〔M1C〕
M1E2試製型，經過E6、E7的試用，M1C於1944年6月獲得採用。

M82瞄準鏡

貼腮墊

《 M1步槍 狙擊槍型 》

M2避火罩

M84瞄準鏡

〔M1E2〕
最早的狙擊槍試製型。

〔M1D〕
M1E8試製型，1944年10月獲得採用。

M1/M2/T3卡賓槍

加裝刺刀座。

照門變更為可調式。

選擇撥桿

《M1A1卡賓槍》

傘兵部隊用的摺疊托版M1A1（傘兵卡賓槍），
1942年開始製造。

《T3卡賓槍》

配備T-120紅外線夜視瞄準鏡與紅外線燈的槍型。1944年開始生產，翌年配備150挺參與沖繩戰役。

《M1卡賓槍》

M1卡賓槍是功能介於手槍與步槍之間的槍械，當初的配備對象為基地與占領地區警衛部隊、砲兵隊等支援部隊。第二次世界大戰時期，因其尺寸緊緻、重量輕盈，因此一般戰鬥部隊也會使用。

口徑：.30口徑　彈藥：.30卡賓槍彈（7.62×33mm）　裝彈數：15發彈匣　作動方式：半自動　全長：904mm　槍管長458mm　重量：2.49kg

《M2卡賓槍》

1944年，加上半/全自動切換式功能的改良型M2卡賓槍獲得採用，並同時採用香蕉形30發彈匣。據說曾有少量在戰爭即將結束時投入歐洲戰線與太平洋戰線使用。

M2卡賓槍在機匣左上方加裝可切換半/全自動的選擇撥桿。

M1A1卡賓槍摺疊式槍托的展開狀態。槍托中央的關節後面可以用來放保養油壺。

M1941強生步槍

1939年由梅爾文·強生研製的半自動步槍。由於美軍已經決定採用M1步槍，且強生步槍的構造比起M1步槍有些問題，因此並未制式採用。太平洋戰爭爆發後，原本生產給荷蘭軍使用的此款步槍轉由陸戰隊購買，配發傘兵部隊。

口徑：.30口徑
彈藥：7.62×63mm（.30-06春田彈）
裝彈數：10發彈鼓
作動方式：半自動
全長：1165mm
槍管長：560mm
重量：4.31kg

彈鼓式彈倉是M1941強生步槍的特徵之一。從右側面以橋夾進行裝彈。

衝鋒槍

美國陸軍將衝鋒槍定位為輔助兵器，因此當初僅有配發MP（憲兵隊）、車組人員、偵察部隊等單位。
然而，由於它在第二次世界大戰時很適用於城鎮、叢林等近距離戰鬥，因此步兵部隊的軍官與士官、
傘兵部隊官兵也很常用。

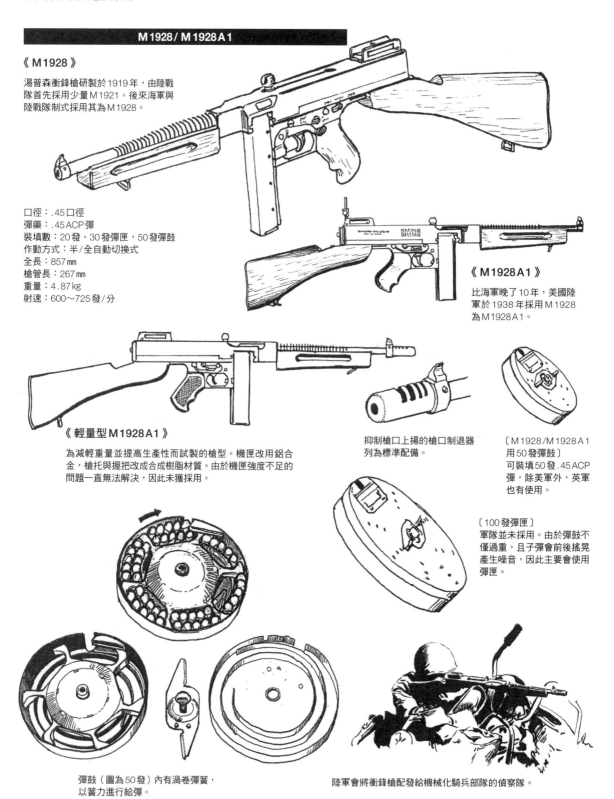

M1928 / M1928A1

《M1928》

湯普森衝鋒槍研製於1919年，由陸戰隊首先採用少量M1921。後來海軍與陸戰隊制式採用其為M1928。

口徑：.45口徑
彈藥：.45ACP彈
裝填數：20發、30發彈匣，50發彈鼓
作動方式：半/全自動切換式
全長：857mm
槍管長：267mm
重量：4.87kg
射速：600～725發/分

《M1928A1》

比海軍晚了10年，美國陸軍於1938年採用M1928為M1928A1。

《輕量型M1928A1》

為減輕重量並提高生產性而試製的槍型。機匣改用鋁合金，槍托與握把改成合成樹脂材質。由於機匣強度不足的問題一直無法解決，因此未獲採用。

抑制槍口上揚的槍口制退器列為標準配備。

〔M1928/M1928A1用50發彈鼓〕
可裝填50發.45ACP彈，除美軍外，英軍也有使用。

〔100發彈匣〕
軍隊並未採用。由於彈鼓不僅過重，且子彈會前後搖晃產生噪音，因此主要會使用彈匣。

彈鼓（圖為50發）內有渦卷彈簧，以簧力進行給彈。

陸軍會將衝鋒槍配發給機械化騎兵部隊的偵察隊。

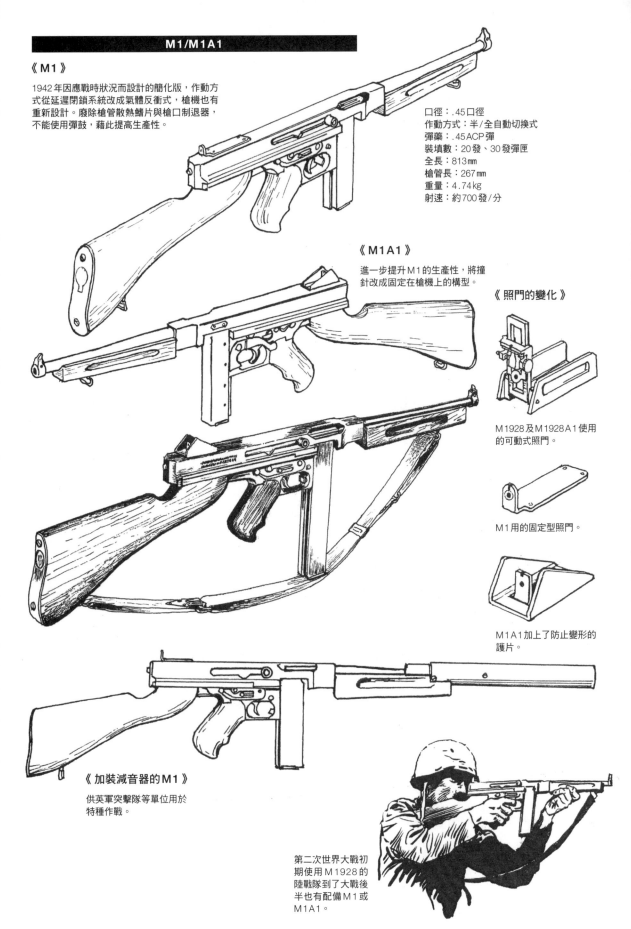

《M1》

1942年因應戰時狀況而設計的簡化版,作動方式從延遲閉鎖系統改成氣體反衝式,槍機也有重新設計。廢除槍管散熱鰭片與槍口制退器,不能使用彈鼓,藉此提高生產性。

口徑:.45口徑
作動方式:半/全自動切換式
彈藥:.45ACP彈
裝填數:20發、30發彈匣
全長:813mm
槍管長:267mm
重量:4.74kg
射速:約700發/分

《M1A1》

進一步提升M1的生產性,將撞針改成固定在槍機上的構型。

《照門的變化》

M1928及M1928A1使用的可動式照門。

M1用的固定型照門。

M1A1加上了防止變形的護片。

《加裝減音器的M1》

供英軍突擊隊等單位用於特種作戰。

第二次世界大戰初期使用M1928的陸戰隊到了大戰後半也有配備M1或M1A1。

M3/M3A1黃油槍

《M3》

湯普森衝鋒槍的後繼型，於1943年1月制式採用。徹底講究生產性，大多使用金屬沖壓與電焊工序製造。因為形狀很像打黃油的道具，因此被稱為「黃油槍」。

《M3A1》

進一步提升M3生產性的改良型，1944年12月獲得採用。廢除槍機拉柄，槍托可當作分解、結合槍管用的板手，以及將子彈裝入彈匣的工具。

口徑：.45口徑　彈藥：.45ACP彈　裝彈數：彈匣30發　作動方式：全自動　全長：745mm、570mm（槍托收縮時）　槍管長：203mm　重量：3700g　射速：400～450發/分

廢除槍機拉柄的M3A1，改用手指直接勾住拉動槍機上膛。槍口前端可以加裝M9避火罩。

其他衝鋒槍

口徑：.45口徑　彈藥：.45ACP彈　裝彈數：12發、20發彈匣　作動方式：半/全自動切換　全長：959mm（M50）、794mm（M55）　槍管長：279mm　重量：3.1kg（M50）、2.8kg（M55）

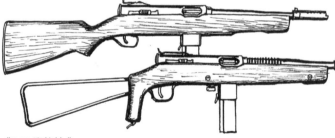

《雷興M50》

尤金‧G‧雷興研發/設計，H＆R公司製造販賣的衝鋒槍。原本是給警察用，但為了彌補湯普森衝鋒槍數量不足，陸戰隊也有採用。

《雷興M55》

廢除槍口制退器，改用金屬條狀槍托與手槍型握把，縮短全長的改短版。主要配發傘兵部隊與裝甲車組人員。

《UD（聯合防禦）M42》

供美軍情報機關OSS（戰略情報局）隊員或在敵占領區活動的反抗組織成員用的衝鋒槍。除了1個20發彈匣，還有一種將2個上下顛倒焊接在一起的彈匣。

《M2衝鋒槍》

湯普森衝鋒槍的後繼型，1942年4月獲得採用。然而，由於該年12月採用了M3衝鋒槍，因此僅生產400挺。

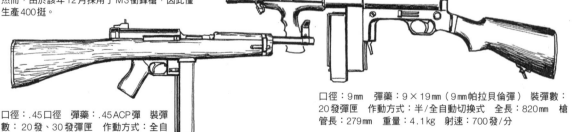

口徑：.45口徑　彈藥：.45ACP彈　裝彈數：20發、30發彈匣　作動方式：全自動　全長：813mm　槍管長：305mm　重量：4.19kg　射速570發/分

口徑：9mm　彈藥：9×19mm（9mm帕拉貝倫彈）　裝彈數：20發彈匣　作動方式：半/全自動切換式　全長：820mm　槍管長：279mm　重量：4.1kg　射速：700發/分

機槍

美軍會使用.30口徑與.50口徑機槍作為班、排支援武器。
這些機槍也會裝在車輛等載具上。

白朗寧自動步槍M1918（BAR）

第一次大戰末期1918年採用的班支援用全自動步槍。取「白朗寧自動步槍」的
字首簡稱為「BAR」。雖稱其為步槍，但多會依據用途將之分類為輕機槍。第二
次世界大戰使用M1918的改良型A2。

口徑：.30口徑　彈藥：.30-06春田彈　裝彈數：
20發裝卸式彈匣　作動方式：半/全自動切換式　全
長：1214mm　槍管長：610mm　重量：9.07kg　射
速：300～650發/分

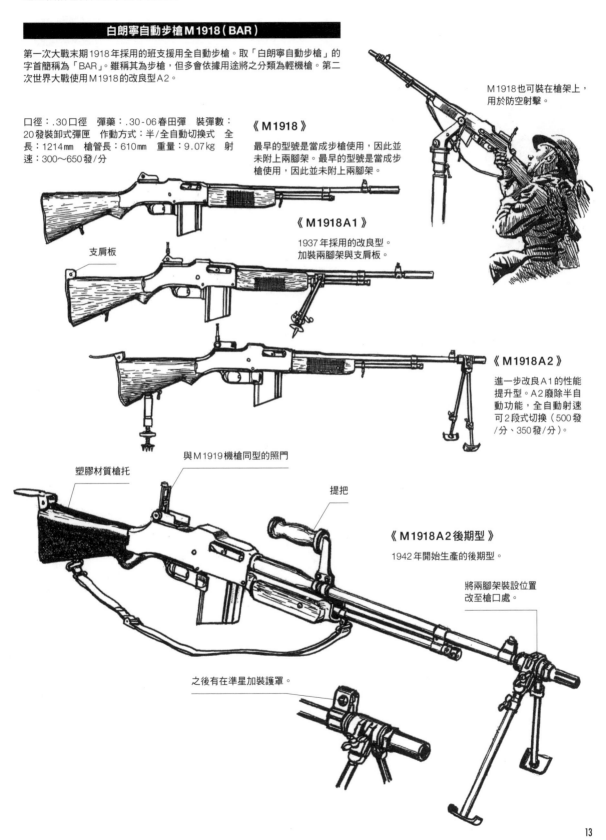

M1918也可裝在槍架上，
用於防空射擊。

《M1918》

最早的型號是當成步槍使用，因此並
未附上兩腳架。最早的型號是當成步
槍使用，因此並未附上兩腳架。

《M1918A1》

1937年採用的改良型。
加裝兩腳架與支肩板。

支肩板

《M1918A2》

進一步改良A1的性能
提升型。A2廢除半自
動功能，全自動射速
可2段式切換（500發
/分、350發/分）。

塑膠材質槍托

與M1919機槍同型的照門

提把

《M1918A2後期型》

1942年開始生產的後期型。

將兩腳架裝設位置
改至槍口處。

之後有在準星加裝護罩。

《 M1918的配件 》

〔攜行袋〕

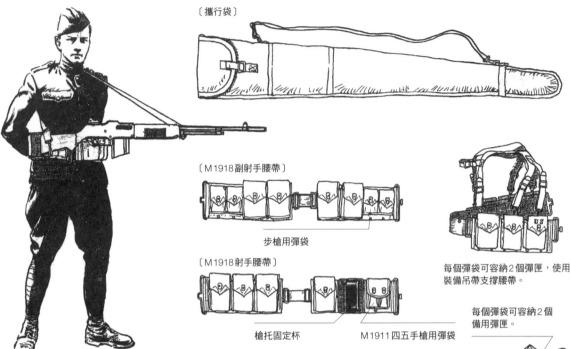

〔M1918副射手腰帶〕

步槍用彈袋

每個彈袋可容納2個彈匣，使用裝備吊帶支撐腰帶。

〔M1918射手腰帶〕

槍托固定杯

M1911四五手槍用彈袋

每個彈袋可容納2個備用彈匣。

〔M1937彈帶〕

〔M1918彈帶〕

M1918重量超過7kg，必須以槍揹帶掛在肩膀上，並將槍托插入腰帶上的固定杯維持姿勢。

強生M1941輕機槍

與M1941步槍一樣，由強生研製的機槍。給彈方式與步槍不同，使用25發彈匣。雖然跟步槍都未獲制式採用，但陸軍的第1特種部隊與陸戰隊的傘兵部隊仍有少數採用。

口徑：.30口徑　彈藥：.30-06春田彈　裝彈數：25發彈匣　作動方式：半/全自動切換式　全長：1066mm　槍管長：559mm　重量：6.49kg　射速：600發/分

設計成不需工具即可輕易分解、結合。

為了能夠壓低射擊姿勢，彈匣裝在槍身左側面。

重量比白朗寧自動步槍M1918輕，裝彈數量也較多。因具備這些特性，陸軍的第1特種部隊曾使用。

白朗寧 M1917 機槍

以1900年約翰・白朗寧開始研製的機槍作為基礎改良而成，1917年獲美軍採用的水冷式機槍。1930年推出改良型 M1917A1。第二次世界大戰期間由陸軍與陸戰隊機槍班使用。

M1917具有大型水冷套筒，由於看起來很有魄力，因此在二次大戰時期的漫畫雜誌上常會出現。

《M1917A1》

口徑：.30口徑　彈藥：.30-06春田彈　裝彈數：彈鏈給彈250發　作動方式：全自動　全長：965mm　槍管長：610mm　重量：14.8kg（本體）、32.2kg（槍架）　射速：600發/分

提把

高射瞄具（瞄準環）

M3高射腳架

《M3高射腳架》

水冷套筒可裝入大約3.3ℓ的水。

復水罐
冷卻水蒸汽，重新凝結為水。

〔木製彈鏈盒〕
最初採用的型式。

〔M1A1彈鏈盒〕
彈鏈盒可裝入1條250發彈鏈。

表尺

機匣蓋卡榫

扳機

握把

由於是水冷式，因此可以長時間連續射擊，是款耐用度頗高的優秀機槍。有鑑於此，二次大戰之後仍有用於韓戰。

機匣蓋

冷卻水注入口

M35槍架

《M35槍架》

裝在M35槍架上的M1917A1。這款槍架會用於裝甲車或載重車等車輛。

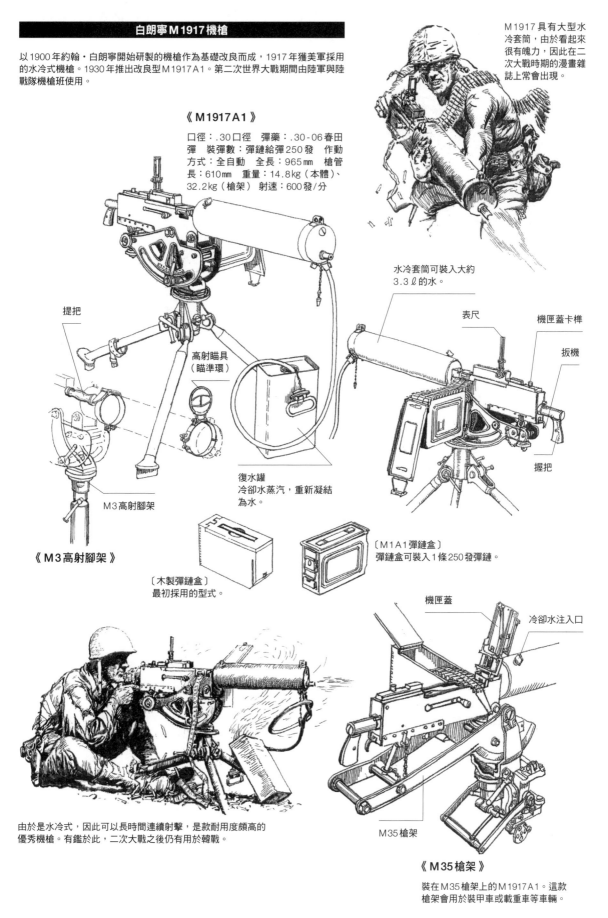

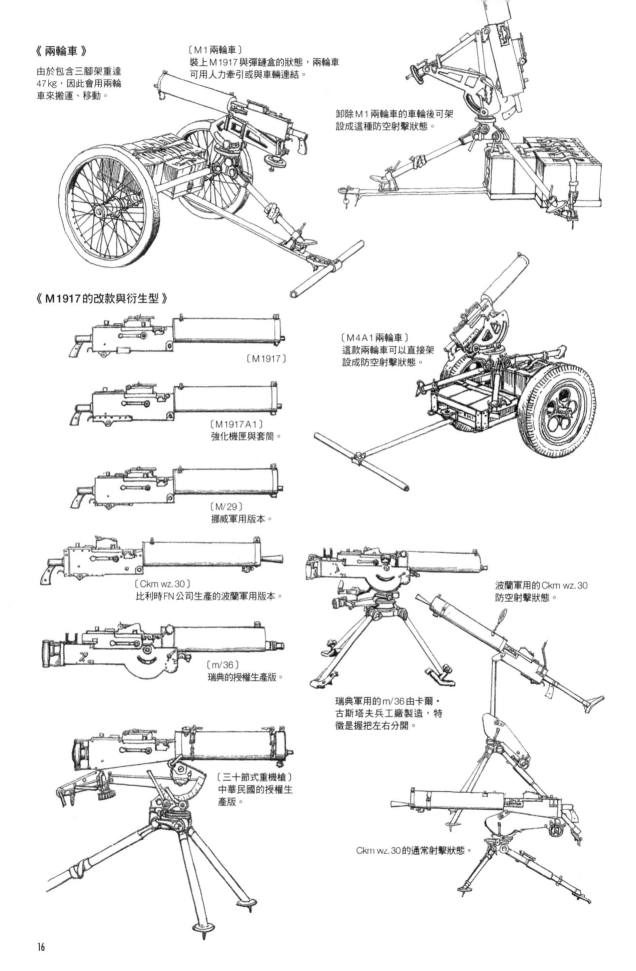

《兩輪車》

由於包含三腳架重達 47kg，因此會用兩輪車來搬運、移動。

〔M1兩輪車〕
裝上M1917與彈鏈盒的狀態，兩輪車可用人力牽引或與車輛連結。

卸除M1兩輪車的車輪後可架設成這種防空射擊狀態。

《M1917的改款與衍生型》

〔M1917〕

〔M1917A1〕
強化機匣與套筒。

〔M/29〕
挪威軍用版本。

〔Ckm wz.30〕
比利時FN公司生產的波蘭軍用版本。

〔m/36〕
瑞典的授權生產版。

〔三十節式重機槍〕
中華民國的授權生產版。

〔M4A1兩輪車〕
這款兩輪車可以直接架設成防空射擊狀態。

波蘭軍用的Ckm wz.30防空射擊狀態。

瑞典軍用的m/36由卡爾·古斯塔夫兵工廠製造，特徵是握把左右分開。

Ckm wz.30的通常射擊狀態。

白朗寧 M1919 機槍

M1919機是M1917的後繼型，為減輕重量而改成氣冷式設計。衍生型包括重機槍與車載用的A4、當作輕機槍運用的A6等。其他還空用型。

表尺

握把

扳機

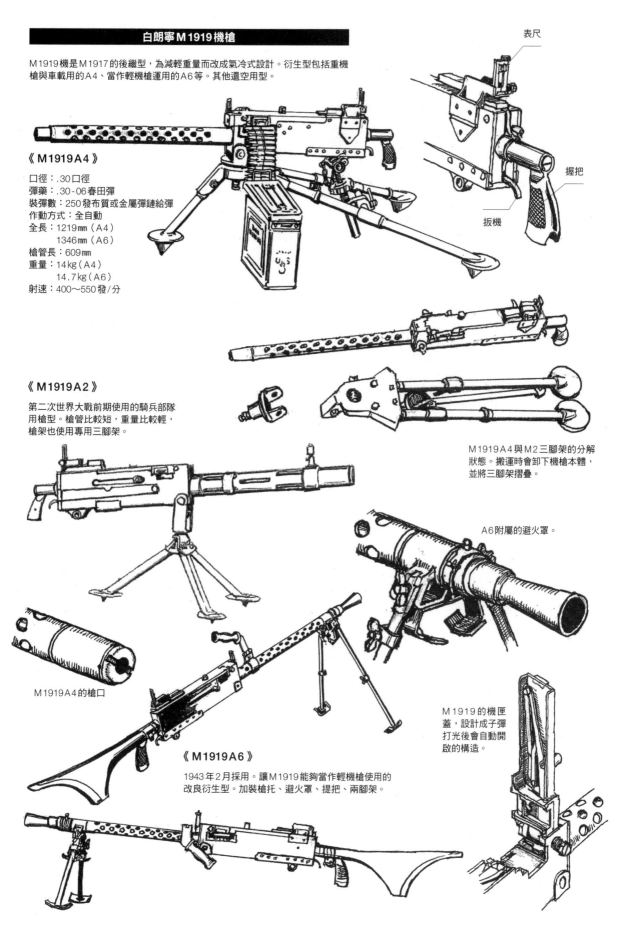

《M1919A4》

口徑：.30口徑
彈藥：.30-06春田彈
裝彈數：250發布質或金屬彈鏈給彈
作動方式：全自動
全長：1219mm（A4）
　　　1346mm（A6）
槍管長：609mm
重量：14kg（A4）
　　　14.7kg（A6）
射速：400～550發／分

《M1919A2》

第二次世界大戰前期使用的騎兵部隊用槍型。槍管比較短，重量比較輕，槍架也使用專用三腳架。

M1919A4與M2三腳架的分解狀態。搬運時會卸下機槍本體，並將三腳架摺疊。

A6附屬的避火罩。

M1919A4的槍口

M1919的機匣蓋，設計成子彈打光後會自動開啟的構造。

《M1919A6》

1943年2月採用。讓M1919能夠當作輕機槍使用的改良衍生型。加裝槍托、避火罩、提把、兩腳架。

17

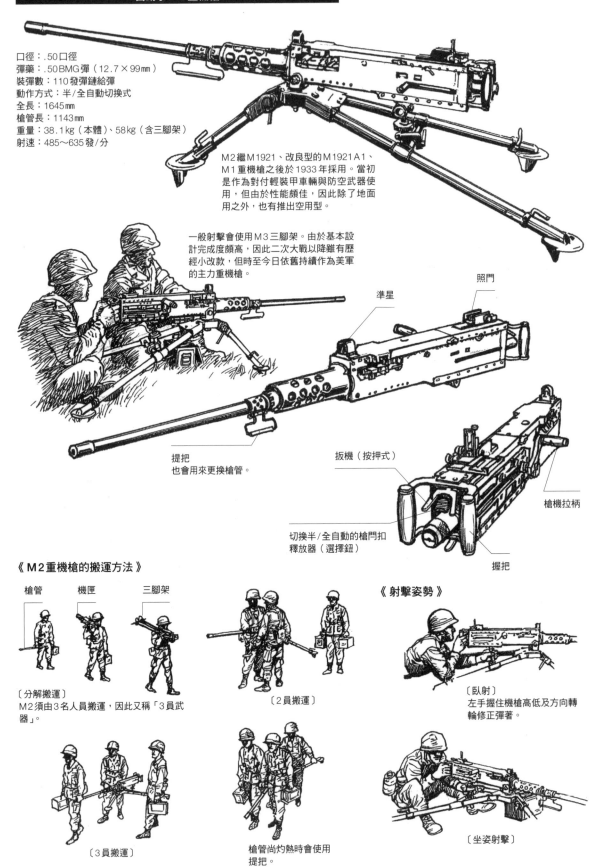

白朗寧M2重機槍

口徑：.50口徑
彈藥：.50 BMG彈（12.7×99 mm）
裝彈數：110發彈鏈給彈
動作方式：半/全自動切換式
全長：1645 mm
槍管長：1143 mm
重量：38.1 kg（本體）、58 kg（含三腳架）
射速：485～635發/分

M2繼M1921、改良型的M1921A1、M1重機槍之後於1933年採用。當初是作為對付輕裝甲車輛與防空武器使用，但由於性能頗佳，因此除了地面用之外，也有推出空用型。

一般射擊會使用M3三腳架。由於基本設計完成度頗高，因此二次大戰以降雖有歷經小改款，但時至今日依舊持續作為美軍的主力重機槍。

照門

準星

提把
也會用來更換槍管。

扳機（按押式）

槍機拉柄

切換半/全自動的槍閂扣
釋放器（選擇鈕）

握把

《M2重機槍的搬運方法》

槍管　　機匣　　三腳架

〔分解搬運〕
M2須由3名人員搬運，因此又稱「3員武器」。

〔2員搬運〕

〔3員搬運〕

槍管尚灼熱時會使用
提把。

《射擊姿勢》

〔臥射〕
左手握住機槍高低及方向轉
輪修正彈著。

〔坐姿射擊〕

霰彈槍

美軍使用霰彈槍的歷史相當久遠，19世紀末陸軍便已採用作為軍用槍械。第一次大戰時期，霰彈槍在壕溝戰的近距離戰鬥中曾發揮相當效用。二次大戰時仍持續使用，除了基地警衛，陸軍航空隊也會用它來打飛靶以訓練機槍手。

於第一次世界大戰的壕溝戰中展現活躍，因此被稱為「壕溝槍」。由於威力過猛，使德軍批評其為殘酷兵器。

溫徹斯特 M1897／M1912

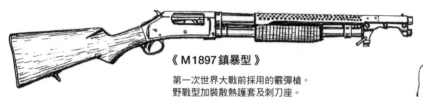

《 M1897鎮暴型 》

第一次世界大戰前採用的霰彈槍。
野戰型加裝散熱護套及刺刀座。

口徑：18.53mm　彈藥：12鉛徑　裝彈數：
4+1發管狀彈倉　作動方式：滑動式　全長：
1000mm　槍管長：510mm　重量：3.6kg

《 M1912鎮暴型 》

繼M1897之後採用的霰彈槍。一直用到1960年代前半。

口徑：18.53mm
裝彈數：4+1發管狀彈倉
作動方式：滑動式
全長：1015mm
槍管長：508mm
重量：3.2kg

《 M1917刺刀座 》

鎮暴型附有刺刀座。

《 M1917刺刀 》

刺刀與M1917步槍共用。

《 霰彈槍的滑動操作 》

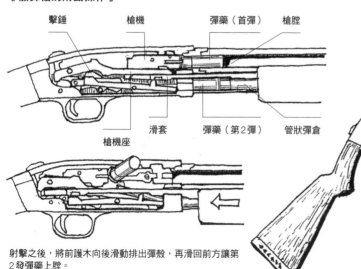

擊錘　槍機　彈藥（首彈）　槍膛

滑套　彈藥（第2彈）　管狀彈倉

槍機座

所謂滑動式，是透過滑動前護木進行裝填、射擊、拋殼的作動方式，也稱為「泵動式」。

射擊之後，將前護木向後滑動排出彈殼，再滑回前方讓第2發彈藥上膛。

美軍採用的各款霰彈槍，除了用於警衛與野戰的鎮暴型之外，還有訓練用的飛靶射擊型。

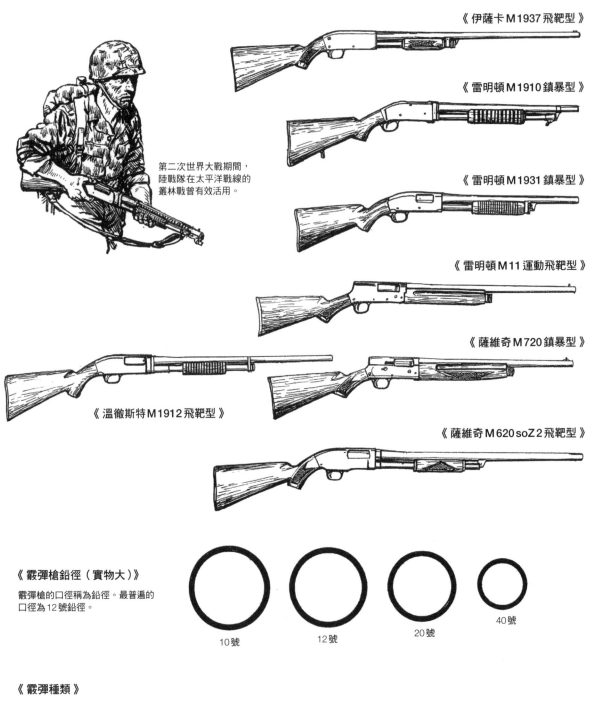

《伊薩卡 M1937 飛靶型》

《雷明頓 M1910 鎮暴型》

《雷明頓 M1931 鎮暴型》

《雷明頓 M11 運動飛靶型》

《薩維奇 M720 鎮暴型》

《溫徹斯特 M1912 飛靶型》

《薩維奇 M620 so Z 2 飛靶型》

第二次世界大戰期間，陸戰隊在太平洋戰線的叢林戰曾有效活用。

《霰彈槍鉛徑（實物大）》

霰彈槍的口徑稱為鉛徑。最普遍的口徑為12號鉛徑。

10號　12號　20號　40號

《霰彈種類》

〔00鹿彈〕
直徑8.4mm/9顆

〔鹿彈〕
直徑6.2mm/27顆
主要用於獵鹿

〔鳥彈〕
直徑2.8～3.8mm/110～260顆
用於獵鳥。若距離超過50m就不適合對人射擊。

〔重彈頭〕
12鉛徑的重彈頭重達435g，威力是.44麥格農的3倍以上。也有對人用的橡膠重彈頭。

戰防火箭筒（巴祖卡）

戰防火箭筒是一種威力比槍榴彈強大的攜行式戰車防禦武器，1942年11月在北非戰線的「火炬作戰」首次投入實戰。該型武器歷經各種改良，一直用到戰爭結束。火箭筒因為形狀很像當時當紅諧星使用的自製樂器「巴祖卡」，因此被稱為「巴祖卡」。

M1/M1A1戰防火箭筒

《M1後期型》

M1是1942年6月制式化的火箭筒。火箭彈利用乾電池以電力擊發。M1又分為前期型與後期型，後期型改良了瞄準具的形狀。

口徑：2.36in（60mm）
彈藥：M6A1戰防火箭彈等
裝彈數：1發
作動方式：乾電池式電力擊發
全長：1370mm
重量：5.9kg
有效射程：137m
穿甲能力：彈著角60°約70mm厚

扛起M1前期型的美軍士兵。

〔M6戰防火箭彈〕
與M1火箭筒一起採用的火箭彈。有M6A1、M6A2、M6A3等改良型，搭配M1A1與M9火箭筒使用。

《M1A1》

改良發射器與火箭彈點火接點裝置的型號。為了防止火箭彈發射時產生的噴焰傷及射手，砲口會加裝護網。
後期型改良瞄準具，並廢除前握把。

全長：1380mm
重量：6.01kg

圖為使用M1A1的陸戰隊員。由於太平洋戰線的日軍較少運用戰車，因此火箭筒多會用來攻擊陣地。

M9戰防火箭筒

採用攜行時能把筒身自中央分開的新設計，1943年6月採用。翌年4月，將點火方式改成電磁式的M9A1制式採用。

口徑：60mm　彈藥：M6A1/M6A3戰防火箭彈等　裝彈數：1發　作動方式：乾電池式電力擊發（M9）、電磁式電力擊發（M9A1）　全長：1550mm、800.1mm（攜行狀態）　重量：6.5kg（M9）、7.2kg（M9A1）　有效射程：137mm　穿甲能力：彈著角60°約70～100mm厚

為了讓傘兵跳傘時便於攜行，可拆解為前後兩段。

噴火器

美軍於1940年7月開始研製單兵攜行式的噴火器，試製出E1及E1R1。經過這些樣品原型，於1941年8月制式採用為M1噴火器。

《M2噴火器》

M2於1944年4月採用。變更鋼瓶容量與噴嘴形狀，噴嘴前端會裝填點火用藥柱，改良點火系統。

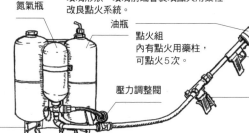

氮氣瓶
油瓶
點火組
內有點火用藥柱，可點火5次。
點火扳機
噴油扳機
也可以只噴出燃料。
壓力調整閥
背架

重量：30kg　燃料容量：15ℓ　燃料：燃燒劑與汽油混合　有效噴火距離：20m　最大噴火距離：40m　噴火時間：6～9秒

《M1噴火器》

點火用氫氣鋼瓶
噴火扳機
壓力調整閥
氮氣瓶
油瓶

噴嘴上的鋼瓶會噴出氫氣，以乾電池點火。1943年6月採用改良型的M1A1。

重量：32kg（M1）、31kg（M1A1）　燃料容量：18.9ℓ　燃料：奶磅粉與汽油混合　有效噴火距離：20m　最大噴火距離：43m　噴火時間：10秒

噴火器在太平洋戰線多用於攻擊日軍碉堡與陣地。各型皆以氮氣噴出燃料。

噴火器的射手僅攜行M1911A1，由2名護衛兵伴隨。

手榴彈

美軍最有名的是破片型Mk.II手榴彈，另外還有使用以爆震為主的攻擊型手榴彈、照明手榴彈、催淚手榴彈、煙幕手榴彈等各種手榴彈。

Mk.II手榴彈

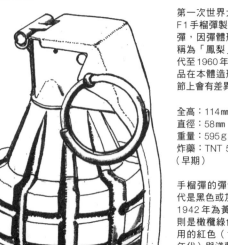

第一次世界大戰後，參考法軍F1手榴彈製成的美軍制式手榴彈，因彈體形狀與表面花紋暱稱為「鳳梨」。生產於1920年代至1960年代，不同年代的產品在本體造形與溝槽寬度等細節上會有差異。

全高：114mm
直徑：58mm
重量：595g
炸藥：TNT 56g、EC無煙火藥（早期）

手榴彈的彈體顏色在1920年代是黑色或灰色，1930年代至1942年為黃色，1942年以降則是橄欖綠色。其他還有訓練用的紅色（1920年代～1930年代）與淺藍色（1940年代以降）。

《Mk.II手榴彈的構造》

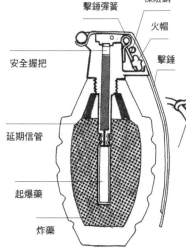

擊錘彈簧
保險銷
火帽
安全握把
擊錘
延期信管
起爆藥
炸藥

《M204信管》

第二次世界大戰後半以降生產的引爆用信管。擊錘會被安全握把壓住，並以保險銷固定。延期時間為4～5秒。由於Mk.II自採用以來歷經改良，因此除M204以外也有用過多種不同信管。

《手榴彈的攜行》

美軍士兵會將手榴彈掛在上衣口袋等處，或利用安全握把插在裝備吊帶或S腰帶上。

將手榴彈掛在上衣口袋的士兵。

利用大衣的大型扣眼掛手榴彈的例子。

用繩子將手榴彈繫在裝備吊帶上的士兵。

《手榴彈袋》

使用手榴彈袋的瓜達康納爾島陸戰隊員。

可攜帶11顆手榴彈的彈袋。雖為一次大戰的裝備，但仍有部份陸戰隊員會使用。

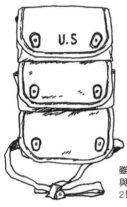

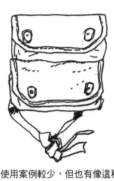

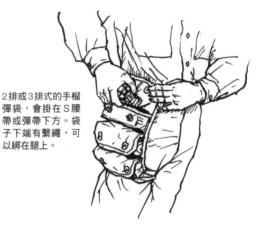

2排或3排式的手榴彈袋，會掛在S腰帶或彈帶下方。袋子下端有繫繩，可以綁在腿上。

雖然使用案例較少，但也有像這種2排與3排式的手榴彈袋。每個袋子可以裝2顆Mk.Ⅱ或1顆煙幕彈。

其他手榴彈

《Mk.1A1訓練用手榴彈》

一體成形鑄造的投擲訓練用啞彈。

《Mk.ⅢA1手榴彈》

以爆震殺傷敵人的攻擊型手榴彈。

《M18煙幕手榴彈》

用於信號或施放煙幕的手榴彈。有白、紅、黃、黑、綠、紫5色。

《Mk.I照明手榴彈》

發火後彈體會上下分離，下半部會燃燒發光。1944年採用。

《M15白燐手榴彈》

以燐發火，當成燒夷彈或煙幕彈使用。

《M6催淚手榴彈》

裝填DM與CS兩種催淚劑的手榴彈。

《T13手榴彈》

應OSS（戰略情報局）要求研製的手榴彈。為了方便讓不是正規軍的敵後人員或反抗組織等業餘人士也能輕易投擲，尺寸做的跟棒球一樣。

刺刀

為供M1步槍使用而生產的刺刀。第一次世界大戰後，因步兵戰術變化與移動機械化，已不太需要刀身較長的刺刀。因此M1刺刀的長度改成比以往的刺刀要短，1943年開始製造。

全長：360mm
刀身長：250mm

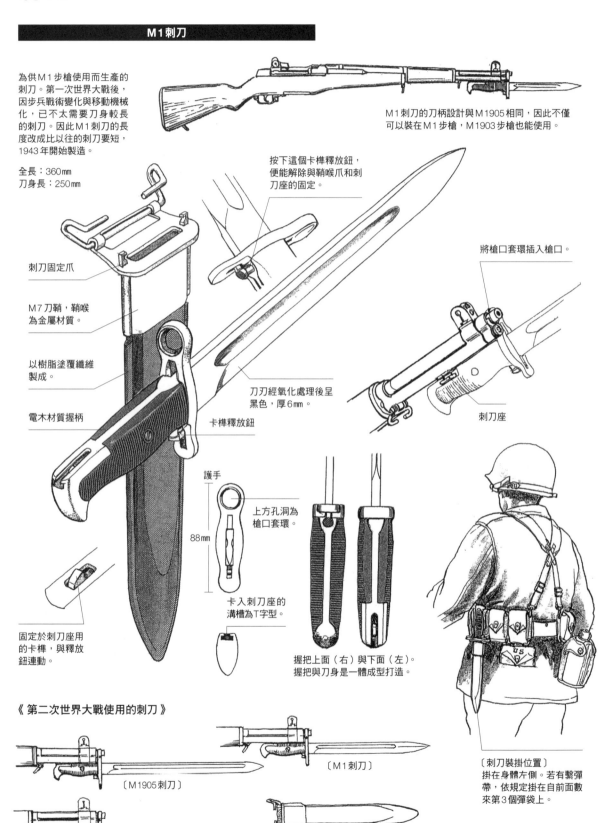

M1刺刀的刀柄設計與M1905相同，因此不僅可以裝在M1步槍，M1903步槍也能使用。

按下這個卡榫釋放鈕，便能解除與鞘喉爪和刺刀座的固定。

將槍口套環插入槍口。

刺刀固定爪

M7刀鞘，鞘喉為金屬材質。

以樹脂塗覆纖維製成。

電木材質握柄

卡榫釋放鈕

刺刀座

刀刃經氧化處理後呈黑色，厚6mm。

護手

88mm

上方孔洞為槍口套環。

卡入刺刀座的溝槽為T字型。

固定於刺刀座用的卡榫，與釋放鈕連動。

握把上面（右）與下面（左）。握把與刀身是一體成型打造。

《 第二次世界大戰使用的刺刀 》

〔M1905刺刀〕

〔M1刺刀〕

〔M1905E1刺刀〕

〔M7刀鞘〕
M1刺刀用的刀鞘。

〔刺刀裝掛位置〕
掛在身體左側。若有繫彈帶，依規定掛在自前面數來第3個彈袋上。

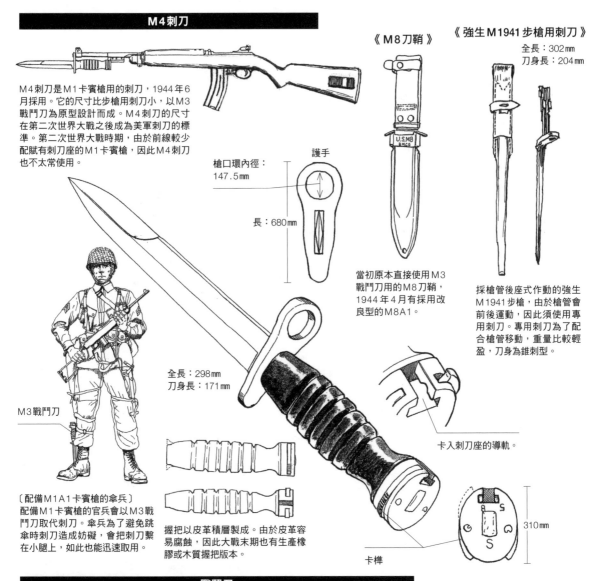

M4 刺刀

M4 刺刀是 M1 卡賓槍用的刺刀，1944 年 6 月採用。它的尺寸比步槍用刺刀小，以 M3 戰鬥刀為原型設計而成。M4 刺刀的尺寸在第二次世界大戰之後成為美軍刺刀的標準。第二次世界大戰時期，由於前線較少配賦有刺刀座的 M1 卡賓槍，因此 M4 刺刀也不太常使用。

護手

槍口環內徑：
147.5mm

長：680mm

《M8 刀鞘》

當初原本直接使用 M3 戰鬥刀用的 M8 刀鞘，1944 年 4 月有採用改良型的 M8A1。

《強生 M1941 步槍用刺刀》

全長：302mm
刀身長：204mm

採槍管後座式作動的強生 M1941 步槍，由於槍管會前後運動，因此須使用專用刺刀。專用刺刀為了配合槍管移動，重量比較輕盈，刀身為錐刺型。

M3 戰鬥刀

全長：298mm
刀身長：171mm

卡入刺刀座的導軌。

310mm

卡榫

〔配備 M1A1 卡賓槍的傘兵〕
配備 M1 卡賓槍的官兵會以 M3 戰鬥刀取代刺刀。傘兵為了避免跳傘時刺刀造成妨礙，會把刺刀繫在小腿上，如此也能迅速取用。

握把以皮革積層製成。由於皮革容易腐蝕，因此大戰末期也有生產橡膠或木質握把版本。

戰鬥刀

除了刺刀之外，也有戰鬥刀與空勤機組員用的求生刀。

《M1918Mk.Ⅰ壕溝刀》

第一次世界大戰時用於白刃戰的刀械。刀身為匕首型，指虎型握把是黃銅材質。刀鞘以鐵材沖壓加工製成。

全長：298mm　刀身長：171mm

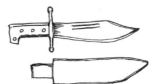

《柯林斯＃18 開山刀》

原本是空勤機組員求生用的開山刀，也稱「V-44 布伊刀」或「工合刀」。陸戰隊等單位也會用於戰鬥。

全長：435.5mm　刀身長：238mm

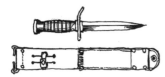

《M3 戰鬥刀》

1943 年 3 月採用的戰鬥用刀械，配發傘兵部隊或持用 M1 卡賓槍的官兵。刀鞘為皮革材質的 M6 與 M8。

全長：286mm　刀身長：171mm

《V-42 戰鬥刀》

陸軍第 1 特種部隊與陸戰隊特種部隊突擊隊員使用的刀械。刀身為匕首型，不只可以砍劈，也利於突刺。

全長：317mm　刀身長：170.7mm

《1219C2 戰鬥刀》

陸戰隊於 1942 年 11 月採用的戰鬥刀械。以製造廠商的商標稱其為「Ka-Bar 刀」。

全長：301.6mm　刀身長：180mm

彈鏈盒

M1彈鏈盒

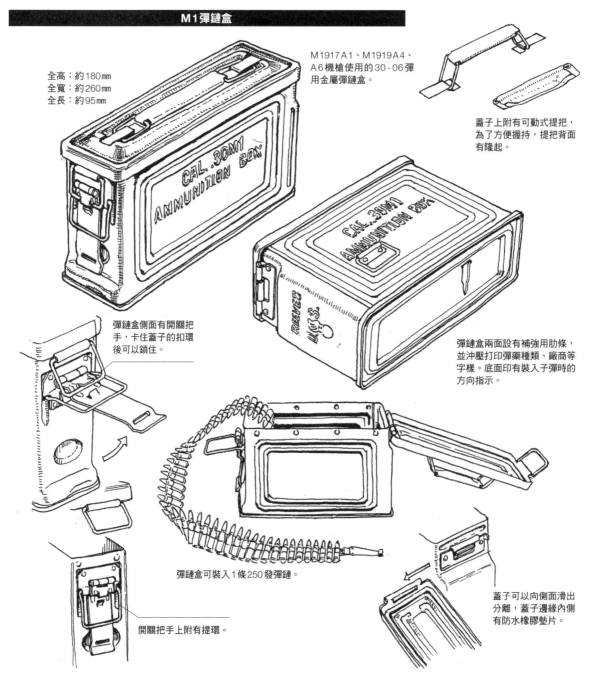

全高：約180mm
全寬：約260mm
全長：約95mm

M1917A1、M1919A4、A6機槍使用的30-06彈用金屬彈鏈盒。

蓋子上附有可動式提把，為了方便握持，提把背面有隆起。

彈鏈盒側面有開關把手，卡住蓋子的扣環後可以鎖住。

彈鏈盒兩面設有補強用肋條，並沖壓打印彈藥種類、廠商等字樣。底面印有裝入子彈時的方向指示。

彈鏈盒可裝入1條250發彈鏈。

開關把手上附有提環。

蓋子可以向側面滑出分離，蓋子邊緣內側有防水橡膠墊片。

M1A1彈鏈盒

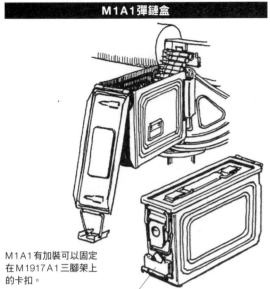

M1A1有加裝可以固定
在M1917A1三腳架上
的卡扣。

槍架固定用卡扣

木製彈鏈盒

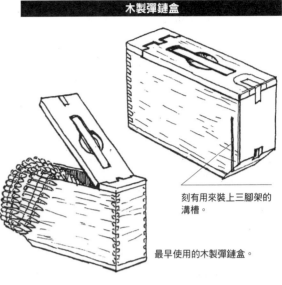

刻有用來裝上三腳架的
溝槽。

最早使用的木製彈鏈盒。

M2彈鏈盒

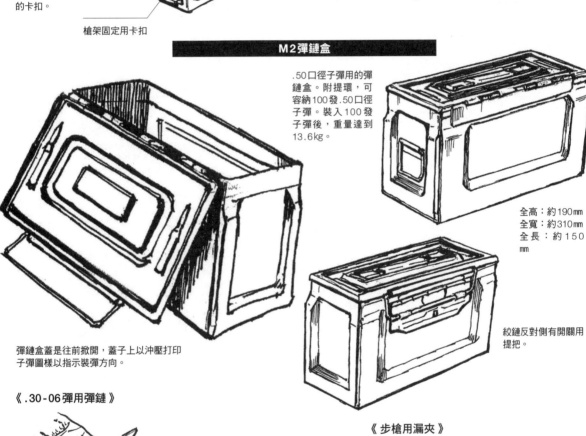

.50口徑子彈用的彈
鏈盒。附提環,可
容納100發.50口徑
子彈。裝入100發
子彈後,重量達到
13.6kg。

全高:約190mm
全寬:約310mm
全長:約150
mm

絞鏈反對側有開關用
提把。

彈鏈盒蓋是往前掀開,蓋子上以沖壓打印
子彈圖樣以指示裝彈方向。

《.30-06彈用彈鏈》

布製彈鏈,前端有金屬拉條。

《步槍用漏夾》

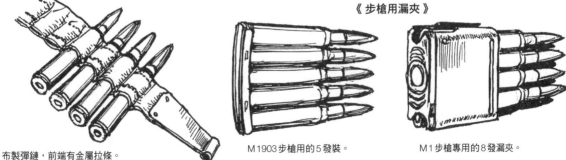

M1903步槍用的5發裝。

M1步槍專用的8發漏夾。

美軍輕兵器操作法

以下要根據美國陸軍教範，由佛里班長和珊蒂為你各位解說！

M1911A1是第二次世界大戰時期美軍的主力手槍，以下要講解其構造、射擊方法，以及分解與結合步驟。

每射一發子彈，各部件會依以下程序循環作動，稱為「作動循環」。
①給彈（Feeding）②上膛（Chambering）③閉鎖（Locking）④發射（Firing）⑤開鎖（Unlocking）⑥拉殼（Extracting）⑦拋殼（Ejecting）⑧待擊（Cocking）

《作動循環》

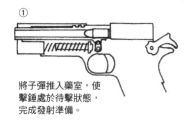

① 將子彈推入藥室，使擊錘處於待擊狀態，完成發射準備。

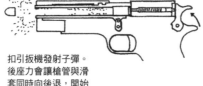

② 扣引扳機發射子彈。後座力會讓槍管與滑套同時向後退，開始後座作用。

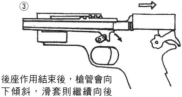

③ 後座作用結束後，槍管會向下傾斜，滑套則繼續向後退，將擊錘再度推至待擊狀態。同時退殼鉤會將空彈殼自藥室拉出。

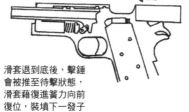

④ 滑套即將退到底時，空彈殼會被退殼鉤拉到向上拋出。

⑤ 滑套退到底後，擊錘會被推至待擊狀態，滑套藉復進簧力向前復位，裝填下一發子彈。

這就是一個循環，再度完成發射準備。

《基本操作》

①將彈匣裝入手槍。

②拉滑套，將第1發子彈送入藥室。

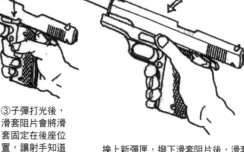

滑套阻片

③子彈打光後，滑套阻片將滑套固定在後座位置，讓射手知道彈匣已清空。

換上新彈匣，撥下滑套阻片後，滑套便會復位。

《給彈》

重點在於，填裝後一定要關保險！

①裝上彈匣。

②拉滑套上膛。

③關保險。

④開保險。

即便馬上就要開槍，也要養成先關保險再解除的習慣。

《遲發火（Hang fire）》

一般多會在數秒之內擊發，別與不發火（Miss fire）搞混。遲發火超過10秒才會判定為不發火，此時需拉滑套退出子彈。拉滑套時須注意槍口不要離開目標。

《退彈》

①按下彈匣卡榫卸下彈匣。

②彈匣卸下後，檢查藥室有無殘留子彈。

③此時千萬不能把槍平舉或誤扣扳機。

《保險》

M1911A1共有3道保險。

保險片　　半待擊狀態

握把保險

這些保險裝置在射擊前必須反覆測試確認。

①測試保險片

②握把保險測試

③半待擊測試

④擊錘掛鈎測試

壓下擊錘後鬆手。

擊錘掛鈎姑且也算是一道保險。把擊錘壓到底後卡在完全待擊位置。

保持手臂向上彎曲支撐，解除滑套阻片，讓滑套復位。

《 美軍的射擊訓練 》（出自美國陸軍教範「FM23-35手槍＆轉輪手槍」）

美軍的射擊訓練會分成以下3個階段。
〔基本訓練〕：用槍法與射擊姿勢。
〔快射訓練〕：使用空包彈射擊。
〔距離射擊課程〕：在靶場以實彈實施射擊訓練。

《 檢查槍 》

舉槍	滑套復位	拉滑套並固定 在後	檢查藥室	卸下彈匣，以舉槍姿勢 接受檢查。

《 持槍法 》

雙手握持，此為
戰鬥射擊的基本
持法。

美軍基本上是
單手握持。

《 正確持槍法 》

①若慣用手為右手，
首先將槍口朝上，以
左手握住滑套。右手
大拇指與食指比出 V
字形。

②以大拇指與食指作
出的 V 字形抵住手槍
的握把保險後握住握
把，讓瞄準線與手臂
平行。

③3根手指須以均等力道握
住握把，大拇指不施力，
置於保險片上。以食指的
第1關節扣住扳機。

《 射擊姿勢 》

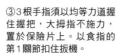

握姿射擊	跪姿射擊	半蹲姿射擊	立姿射擊	蹲姿射擊 以張開雙腳、膝蓋微彎 的狀態稍向前傾。

《 分解方法 》

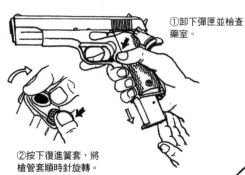

①卸下彈匣並檢查藥室。

②按下復進簧套，將槍管套順時針旋轉。

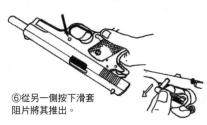

③取出復進簧套與復進簧。

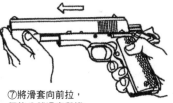

④將槍管套逆時針旋轉，自滑套取出。

為了應付緊急狀況，並熟記手槍構造，平常就要勤於保養。

⑤將滑套向後拉，讓滑套阻片對合弧形缺口。

⑧將槍管扣環往前推，把槍管自滑套前方拉出。

⑥從另一側按下滑套阻片將其推出。

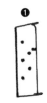
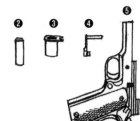

⑦將滑套向前拉，便能分離滑套與機匣（槍身）。

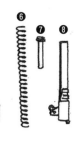

以上是射擊後的保養大部分解。分解後的零件要整齊排好，除了方便重新結合之外，也能防止零件遺失。

❶彈匣
❷復進簧套
❸槍管套
❹滑套阻片
❺機匣
❻復進簧
❼復進簧導桿
❽槍管
❾滑套

《 子彈的基礎知識 》

差點忘了，射擊訓練前若要攜帶手槍，自然也得先學會子彈構造與種類等知識才行。

〔子彈的構造〕

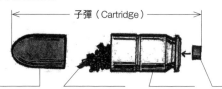

子彈（Cartridge）

彈頭（Bullet）　　發射藥（Powder）　彈殼（Case）　底火（Primer）

〔.45口徑子彈的種類〕

紅色塗裝

M1911實心彈
以金屬外殼包覆鉛合金彈芯的標準彈。對人員及輕型目標用。

M9空包彈
用於演習等的空包彈。

M1931假彈
用於裝填訓練。為了與實彈區別，彈殼上開有小孔。

M26曳光彈
子彈發射後，彈頭內的火藥會在飛行時發光，用以修正彈道。

M15霰彈
飛行員迫降時用於野外求生的霰彈。

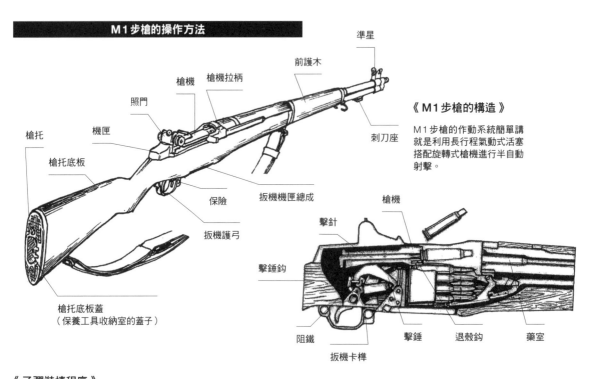

準星

前護木

槍機拉柄

槍機

照門

機匣

槍托

槍托底板

刺刀座

保險

扳機機匣總成

扳機護弓

槍托底板蓋
（保養工具收納室的蓋子）

《M1步槍的構造》

M1步槍的作動系統簡單講
就是利用長行程氣動式活塞
搭配旋轉式槍機進行半自動
射擊。

槍機

擊針

擊錘鉤

阻鐵

扳機卡榫

擊錘

退殼鉤

藥室

《子彈裝填程序》

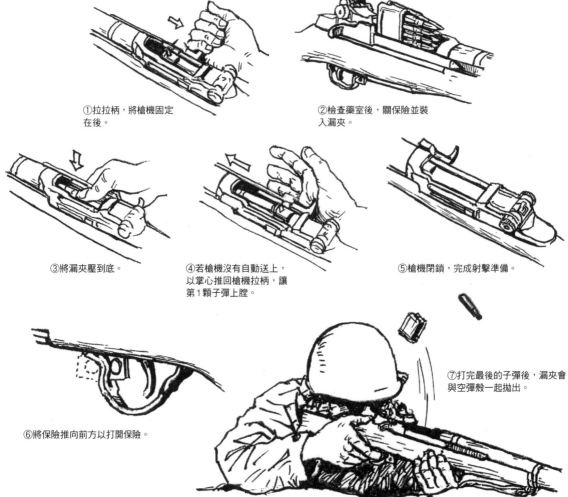

①拉拉柄，將槍機固定
在後。

②檢查藥室後，關保險並裝
入漏夾。

③將漏夾壓到底。

④若槍機沒有自動送上，
以掌心推回槍機拉柄，讓
第1顆子彈上膛。

⑤槍機閉鎖，完成射擊準備。

⑥將保險推向前方以打開保險。

⑦打完最後的子彈後，漏夾會
與空彈殼一起拋出。

《射擊姿勢》

步槍的射擊姿勢基本上分為立射、跪射、臥射3種，在戰場上會依據狀況應用各種姿勢進行射擊。

〔立姿射擊〕
基本型立姿射擊。

〔跪姿射擊〕
跨出左腿採高跪姿，以左膝為依托，可壓低姿式增加射擊穩定度。

〔坐姿射擊〕
需要比跪姿射擊更穩定時採取的姿勢。

〔臥姿射擊〕
在敵前具有較高安全性，也是最穩定的射擊姿勢。

〔蹲姿射擊〕
介於跪姿與坐姿之間的射擊姿勢。
適合射擊後迅速採取下一步行動。

《瞄準方法》

瞄準基本上按以下程序進行。窺視覘孔，將準星尖置於覘孔中心點。將目標中心底部置於準星尖上面稍為一點點的位置，此時便是瞄準狀態。

將準星尖對準覘孔中心點的狀態稱為瞄具對齊。

照門覘孔。

將準星尖對準覘孔中心點。

瞄準目標。

〔至目標的瞄準線〕

照門　　準星　　目標

《M1步槍用30-06彈》

M1步槍的子彈與M1917、M1919機槍同為7.62mm口徑.30-06彈。子彈依據用途分為數種類型。M1步槍通常會使用M1或M2普通彈。

M2穿甲彈的彈頭顏色為黑色
M14燒夷穿甲彈的彈頭為銀色

M1彈的彈頭為紅色
M25彈的彈頭為橘色
M1燒夷彈的彈頭為藍色

M1909空包彈　M2假彈　M1高壓測試彈　M1普通彈　穿甲彈　M2普通彈　曳光彈

《M3/M3A1的差異》

槍托卡榫

退殼口與防塵蓋比較小。

〔M3〕

槍機拉柄

退殼口與防塵蓋尺寸加大。

槍機加上可以用手指拉動上膛的凹槽。

避火罩列入附件。

〔M3A1〕

槍管根部加上分解扣

廢除槍機拉柄

準星

照門

〔M3〕

〔M3的照門〕　〔M3A1的照門〕

強化防塵蓋彈簧。

〔M3A1〕

彈匣卡榫加上防誤觸圈環。

改良彈匣卡榫

槍托除了可以當成分解結合用的板手，也能裝子彈與通槍管。

加裝彈匣裝填桿

握把內有油壺。

槍托除了可以當成分解結合用的板手，也能用來裝子彈與通槍管。

固定式照門的瞄準距離約為91公尺（100碼）。

準星也以焊接方式固定。

槍托可以直接向後拉出，但推回去時必須按下卡榫才能縮回。

〔利用槍托裝填子彈的方法〕

30發彈匣因為彈簧力道的關係，裝到第25發的時候便很難用手壓入子彈，必須借助槍托。

M3的射擊相當簡單，只要插入彈匣並上膛即可。由於射速較慢，因此若習慣，射擊後迅速鬆開扳機便能單發點放。

《操作方法》

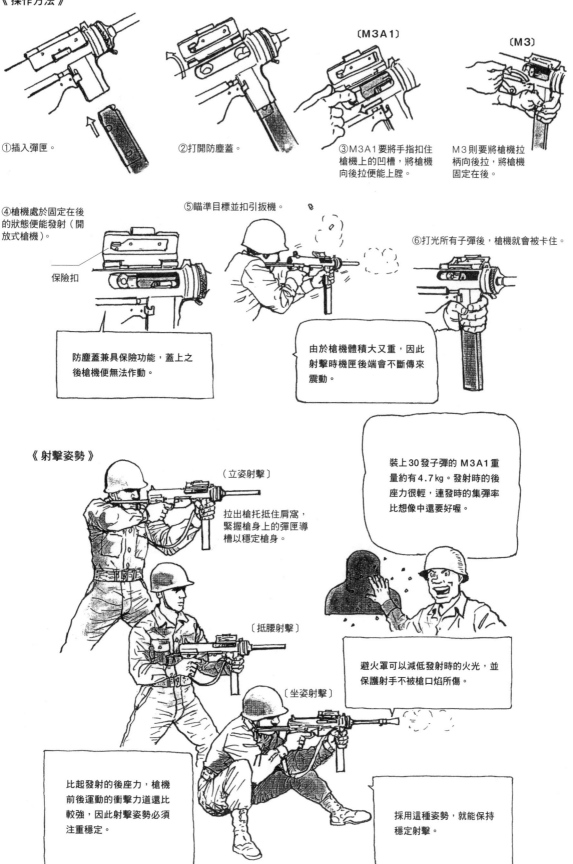

①插入彈匣。

②打開防塵蓋。

〔M3A1〕
③M3A1要將手指扣住槍機上的凹槽，將槍機向後拉便能上膛。

〔M3〕
M3則要將槍機拉柄向後拉，將槍機固定在後。

④槍機處於固定在後的狀態便能發射（開放式槍機）。

保險扣

防塵蓋兼具保險功能，蓋上之後槍機便無法作動。

⑤瞄準目標並扣引扳機。

由於槍機體積大又重，因此射擊時機匣後端會不斷傳來震動。

⑥打光所有子彈後，槍機就會被卡住。

《射擊姿勢》

（立姿射擊）
拉出槍托抵住肩窩，緊握槍身上的彈匣導槽以穩定槍身。

裝上30發子彈的M3A1重量約有4.7kg。發射時的後座力很輕，連發時的集彈率比想像中還要好喔。

〔抵腰射擊〕

避火罩可以減低發射時的火光，並保護射手不被槍口焰所傷。

〔坐姿射擊〕

比起發射的後座力，槍機前後運動的衝擊力道還比較強，因此射擊姿勢必須注重穩定。

採用這種姿勢，就能保持穩定射擊。

35

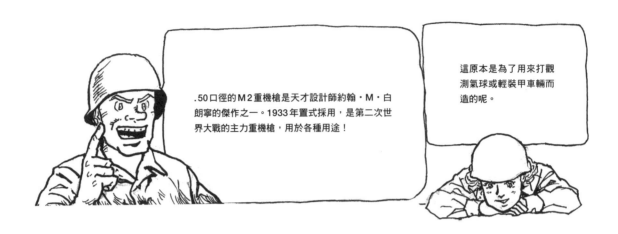

.50口徑的M2重機槍是天才設計師約翰‧M‧白朗寧的傑作之一。1933年置式採用,是第二次世界大戰的主力重機槍,用於各種用途!

這原本是為了用來打觀測氣球或輕裝甲車輛而造的呢。

《 M2重機槍的構造 》

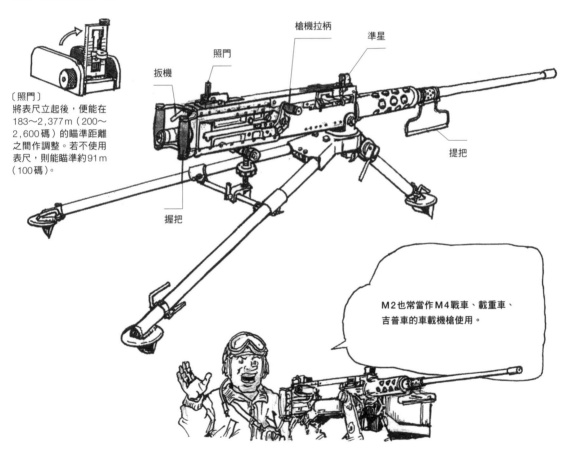

〔照門〕
將表尺立起後,便能在183～2,377m(200～2,600碼)的瞄準距離之間作調整。若不使用表尺,則能瞄準約91m(100碼)。

照門

扳機

槍機拉柄

準星

提把

握把

M2也常當作M4戰車、載重車、吉普車的車載機槍使用。

《 地面與艦載防空用 水冷式M2重機槍 》

為了能夠連續射擊,槍管加裝水冷套筒。

《 航空器用 AN-M3機槍 》

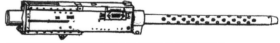

陸海軍戰鬥機與轟炸機會將之用於固定式/迴轉式機槍。

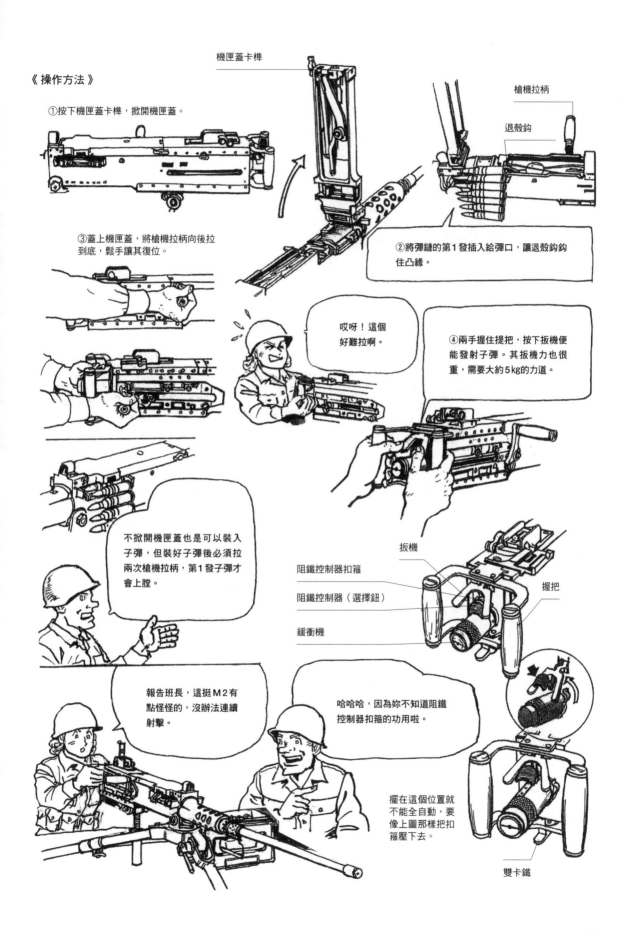

《操作方法》

①按下機匣蓋卡榫,掀開機匣蓋。

機匣蓋卡榫

槍機拉柄

退殼鉤

③蓋上機匣蓋,將槍機拉柄向後拉到底,鬆手讓其復位。

②將彈鏈的第1發插入給彈口,讓退殼鉤鉤住凸緣。

哎呀!這個好難拉啊。

④兩手握住提把,按下扳機便能發射子彈。其扳機力也很重,需要大約5kg的力道。

不掀開機匣蓋也是可以裝入子彈,但裝好子彈後必須拉兩次槍機拉柄,第1發子彈才會上膛。

扳機

阻鐵控制器扣箍

阻鐵控制器(選擇鈕)

握把

緩衝機

報告班長,這挺M2有點怪怪的,沒辦法連續射擊。

哈哈哈,因為妳不知道阻鐵控制器扣箍的功用啦。

擺在這個位置就不能全自動,要像上圖那樣把扣箍壓下去。

雙卡鐵

手榴彈的操作方法

珊蒂很怕手榴彈耶……
真的能好好操作嗎…？

手榴彈是在野戰、城鎮戰等近距離戰鬥中相當有效的兵器之一。但如果弄錯使用方法，卻有可能讓自己人蒙受重大損害。因為這樣的關係，就必須好好學習，精通它的使用方法。

《 手榴彈的握法 》

〔Mk. II 手榴彈的各部名稱〕

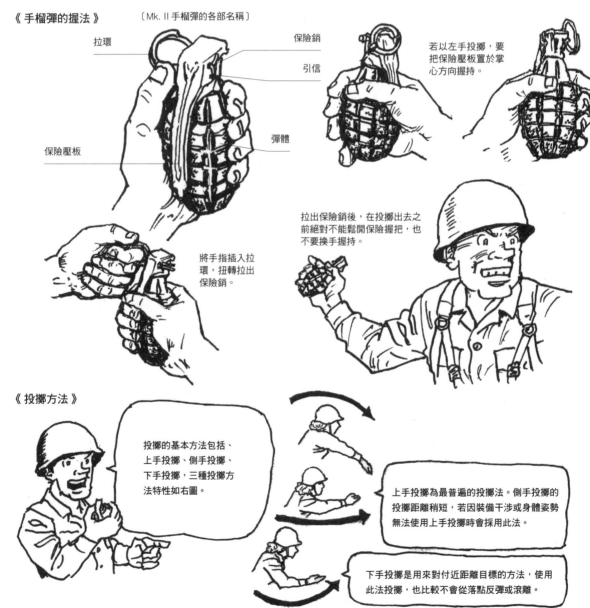

拉環

保險銷

引信

保險壓板

彈體

若以左手投擲，要把保險壓板置於掌心方向握持。

將手指插入拉環，扭轉拉出保險銷。

拉出保險銷後，在投擲出去之前絕對不能鬆開保險握把，也不要換手握持。

《 投擲方法 》

投擲的基本方法包括、上手投擲、側手投擲、下手投擲，三種投擲方法特性如右圖。

上手投擲為最普遍的投擲法。側手投擲的投擲距離稍短，若因裝備干涉或身體姿勢無法使用上手投擲時會採用此法。

下手投擲是用來對付近距離目標的方法，使用此法投擲，也比較不會從落點反彈或滾離。

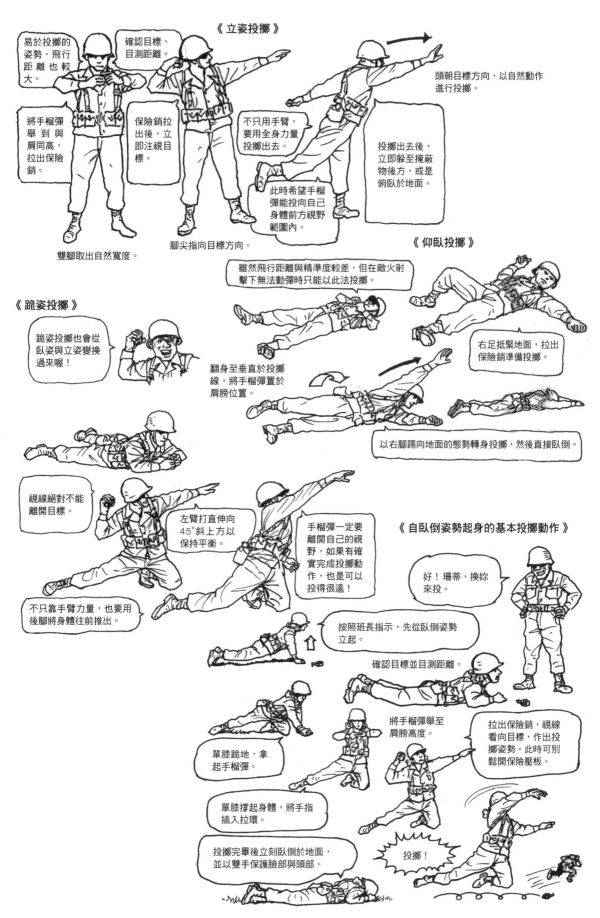

美軍的步兵部隊編成

步槍班　1944年

第二次世界大戰時美國陸軍步兵部隊的步槍（步兵）班，每個班由12員構成。在班長指揮下，有副班長1員、步槍兵8員、班用自動武器射手1員、狙擊手1員。由於狙擊手不一定會包含在編成當中，因此大多會由9員步槍兵（此時會有1員攜行M7槍榴彈發射器）構成。至於配賦的輕兵器，班用自動武器射手為M1918A1（BAR），步槍兵為M1步槍，狙擊手為M1903A4狙擊槍。班長配賦M1卡賓槍或衝鋒槍與M1911A1手槍。

〔狙擊手〕1員　　〔步槍兵〕

〔步槍兵共8員〕

〔副班長〕下士

〔班長〕中士

〔班用自動武器射手〕1員

機槍班　1944年

機槍班是由班長、機槍手、裝彈手、彈藥手（有時會有2員）合計4員（或5員）構成。機槍班在步槍連與兵器連各有1個，步槍連所屬的機槍班使用M1919A4重機槍或M1919A6輕機槍，兵器連所屬的機槍班則配備M1917A2重機槍。至於班員所持的輕兵器，班長為M1卡賓槍及M1911A1，機槍手與裝彈手為M1911A1，彈藥手為M1步槍或M1卡賓槍。

〔裝彈手〕　　〔彈藥手〕

〔班長〕中士

〔機槍手〕

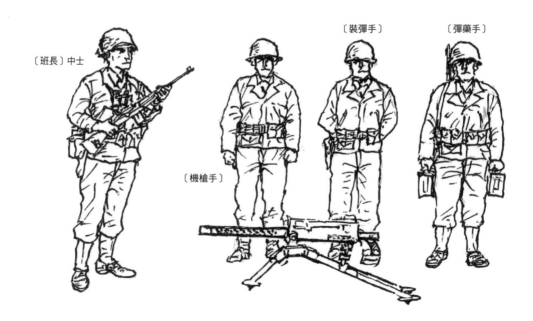

機械化步兵班　1944年

機械化步兵班是隸屬機械化團步兵營的班隊，班員包括士官班長、副班長1員、步槍兵9員、駕駛手1員，總共12員。這些隊員使用1輛M3半履帶人員運輸車構成1個班，武裝與一般步兵班相同，不過M3半履帶車上備有1挺M2重機槍與2挺 M1919A4重機槍。

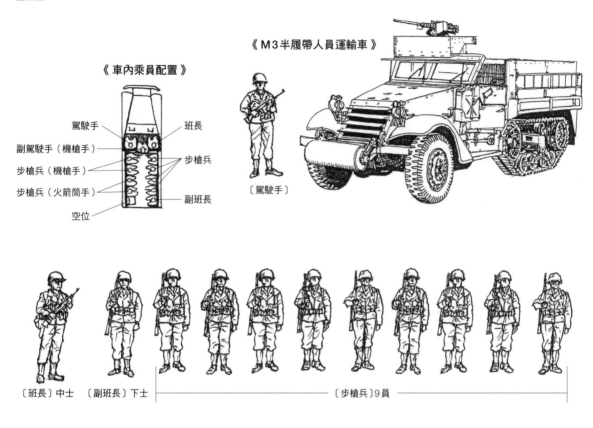

《M3半履帶人員運輸車》

《車內乘員配置》

駕駛手
班長
副駕駛手（機槍手）
步槍兵
步槍兵（機槍手）
步槍兵（火箭筒手）
副班長
空位

〔駕駛手〕

〔班長〕中士　〔副班長〕下士　〔步槍兵〕9員

陸戰隊的步槍班　1945年

陸戰隊的步槍（步兵）班由13員編成，在班長（中士）指揮之下，分為3個伍，會依據狀況採取行動。1個伍包括伍長（下士）、班用自動武器射手、步槍兵2員，總共由4員編成。使用武器為班長M1卡賓槍（携行槍榴彈發射器）、伍長與步槍兵M1步槍（其中1員名携行槍榴彈發射器）、班用自動武器射手配備M1918A2（BAR）。

陸戰隊步槍班由13員編成

〔第1伍〕4員

步槍兵

步槍兵
（僅1員攜帶M7槍榴彈發射器）

班用自動武器射手

伍長

班長

〔第2伍〕4員

〔第3伍〕4員

步兵部隊的編成　1944～1945年

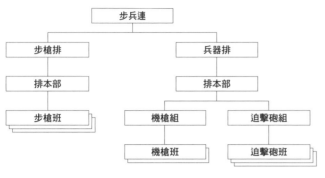

```
            步兵連
      ┌───────┴───────┐
    步槍排           兵器排
     │               │
    排本部           排本部
     │          ┌────┴────┐
    步槍班      機槍組    迫擊砲組
                 │         │
               機槍班    迫擊砲班
```

步槍排本部

負責指揮各班的排本部，人員包括排長指揮官、輔佐排長的中士排附、管理彈藥與糧食補給等的中士指導與2員傳令。

〔排長〕　〔中士排附〕〔中士指導〕　〔傳令〕　〔傳令〕

《 步槍班員的武器 》

〔班長〕衝鋒槍或M1卡賓槍　　〔副班長〕M1步槍　　〔班用自動武器射手〕M1918A2

步槍班的編成

步槍班會分為A、B、C伍，各自執行任務行動。

〔A（Able）伍〕　　〔B（Baker）伍〕　　〔C（Charlie）伍〕

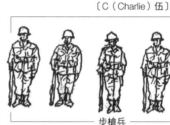

班長　┕偵察兵┙　┕班用自動武器射手┙　　　┕步槍兵┙　　　副班長

《 班的兩列移動隊形 》

兩列縱隊是可以應對來自各方向敵襲的隊形，另外也會對應戰場狀況與地形採取縱隊與橫隊等隊形。移動時會派出偵察兵蒐集前方敵情與地形等情報，班長會基於這些情報引領部隊前進。

《 射擊與移動 》

班戰鬥是以射擊與移動作為基本，作法是派B伍以班用自動武器M1918（BAR）制壓敵人，以讓C伍迂迴至敵側面發動攻擊。

〔A伍〕
偵察兵
班長
〔B伍〕
〔C伍〕

〔C伍〕
由副班長率領，推進至目標，自側面攻擊。
副班長

〔B伍〕
由班長指揮，掩護C伍發動攻擊。

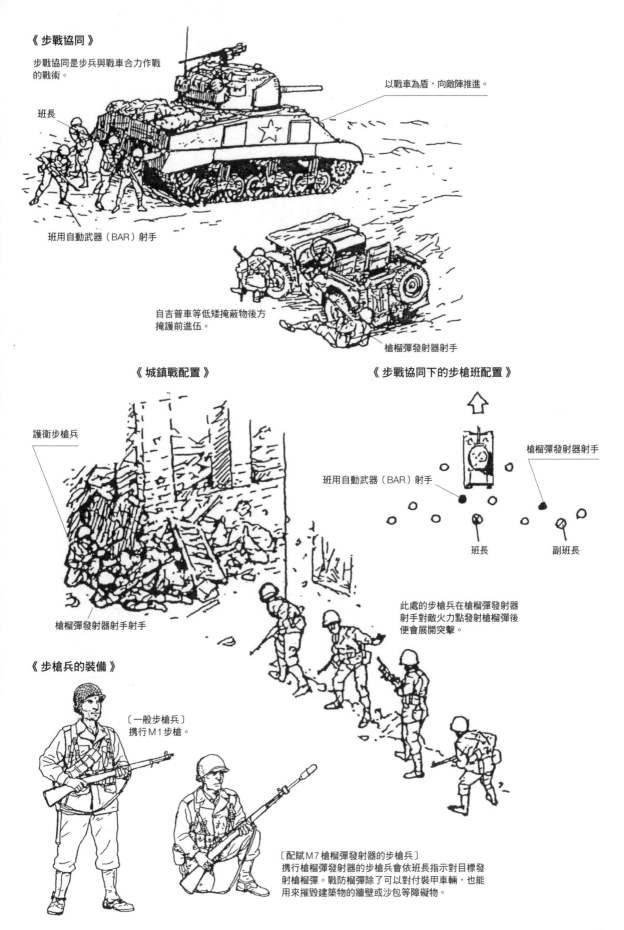

《步戰協同》

步戰協同是步兵與戰車合力作戰的戰術。

以戰車為盾，向敵陣推進。

班長

班用自動武器（BAR）射手

自吉普車等低矮掩蔽物後方掩護前進伍。

槍榴彈發射器射手

《城鎮戰配置》

《步戰協同下的步槍班配置》

護衛步槍兵

槍榴彈發射器射手

班用自動武器（BAR）射手

槍榴彈發射器射手射手

班長

副班長

此處的步槍兵在槍榴彈發射器射手對敵火力點發射槍榴彈後便會展開突擊。

《步槍兵的裝備》

〔一般步槍兵〕
携行M1步槍。

〔配賦M7槍榴彈發射器的步槍兵〕
携行槍榴彈發射器的步槍兵會依班長指示對目標發射槍榴彈。戰防榴彈除了可以對付裝甲車輛，也能用來摧毀建築物的牆壁或沙包等障礙物。

英軍

在美國參與第二次世界大戰之前，英軍曾是盟軍主力。

英軍配備的輕兵器從第一次世界大戰之前的型號到第二次世界大戰期間採用的新型都有，種類相當繁多。

大戰期間，英造輕兵器除了本國軍隊之外，也有提供大英國協各軍使用。

手槍

第二次世界大戰的英國軍用手槍是以轉輪手槍為主流，除了新型與舊型之外，還包括數款美造手槍有制式、準制式化使用。

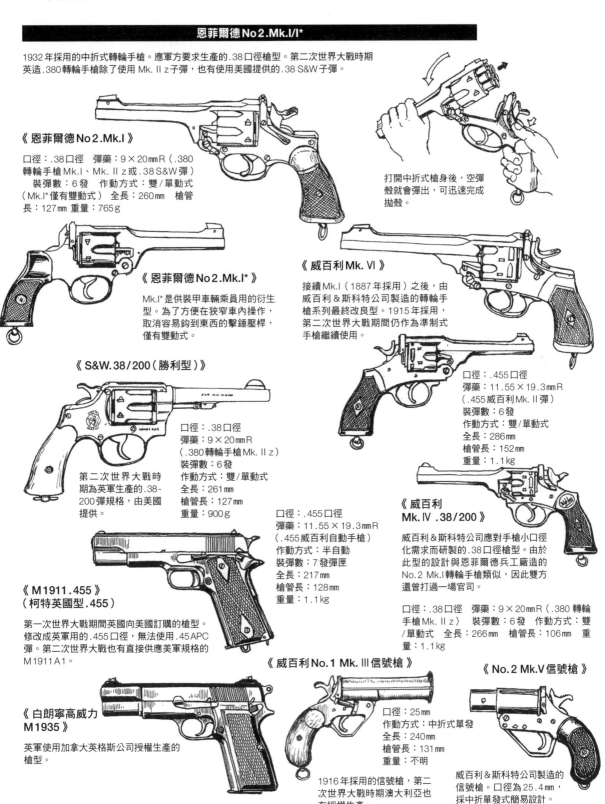

恩菲爾德No2.Mk.I/I*

1932年採用的中折式轉輪手槍。應軍方要求生產的.38口徑槍型。第二次世界大戰時期英造.380轉輪手槍除了使用 Mk. II z子彈，也有使用美國提供的.38 S&W子彈。

打開中折式槍身後，空彈殼就會彈出，可迅速完成拋殼。

《恩菲爾德No2.Mk.I》

口徑：.38口徑　彈藥：9×20mmR（.380轉輪手槍Mk.I、Mk. II z 或 .38S&W彈）　裝彈數：6發　作動方式：雙/單動式（Mk.I*僅有雙動式）　全長：260mm　槍管長：127mm　重量：765g

《恩菲爾德No2.Mk.I*》

Mk.I*是供裝甲車輛乘員用的衍生型。為了方便在狹窄車內操作，取消容易鉤到東西的擊錘壓桿，僅有雙動式。

《威百利Mk. VI》

接續Mk.I（1887年採用）之後，由威百利&斯科特公司製造的轉輪手槍系列最終改良型。1915年採用，第二次世界大戰期間仍作為準制式手槍繼續使用。

口徑：.455口徑
彈藥：11.55×19.3mmR（.455威百利Mk. II 彈）
裝彈數：6發
作動方式：雙/單動式
全長：286mm
槍管長：152mm
重量：1.1kg

《S&W.38/200（勝利型）》

口徑：.38口徑
彈藥：9×20mmR（.380轉輪手槍Mk. II z）
裝彈數：6發
作動方式：雙/單動式
全長：261mm
槍管長：127mm
重量：900g

第二次世界大戰時期為英軍生產的.38-200彈規格，由美國提供。

《威百利 Mk.IV .38/200》

威百利&斯科特公司應對手槍小口徑化需求而研製的.38口徑槍型。由於此型的設計與恩菲爾德兵工廠造的No.2 Mk.I轉輪手槍類似，因此雙方還曾打過一場官司。

口徑：.38口徑　彈藥：9×20mmR（.380轉輪手槍Mk. II z）　裝彈數：6發　作動方式：雙/單動式　全長：266mm　槍管長：106mm　重量：1.1kg

口徑：.455口徑
彈藥：11.55×19.3mmR（.455威百利自動手槍）
作動方式：半自動
裝彈數：7發彈匣
全長：217mm
槍管長：128mm
重量：1.1kg

《M1911.455》（柯特英國型.455）

第一次世界大戰期間英國向美國訂購的槍型。修改成英軍用的.455口徑，無法使用.45APC彈。第二次世界大戰也有直接供應美軍規格的M1911A1。

《白朗寧高威力 M1935》

英軍使用加拿大英格斯公司授權生產的槍型。

《威百利No.1 Mk. III信號槍》

口徑：25mm
作動方式：中折式單發
全長：240mm
槍管長：131mm
重量：不明

1916年採用的信號槍，第二次世界大戰時期澳大利亞也有授權生產。

《No.2 Mk.V信號槍》

威百利&斯科特公司製造的信號槍。口徑為25.4mm，採中折單發式簡易設計。

步槍

英軍步槍從1896年採用彈匣式的李-恩菲爾德步槍開始，多年來便一直使用其歷代改良版。李-恩菲爾德步槍的特徵在於與毛瑟式不同的槍機動方式，槍機後退量與旋轉角度都比較小，因此不僅拋殼、上膛比較快，也能讓視線維持在瞄準狀態下實施連續射擊。

SMLE（Short Magazine Lee-Enfield）No.1 Mk.I/ Mk. III

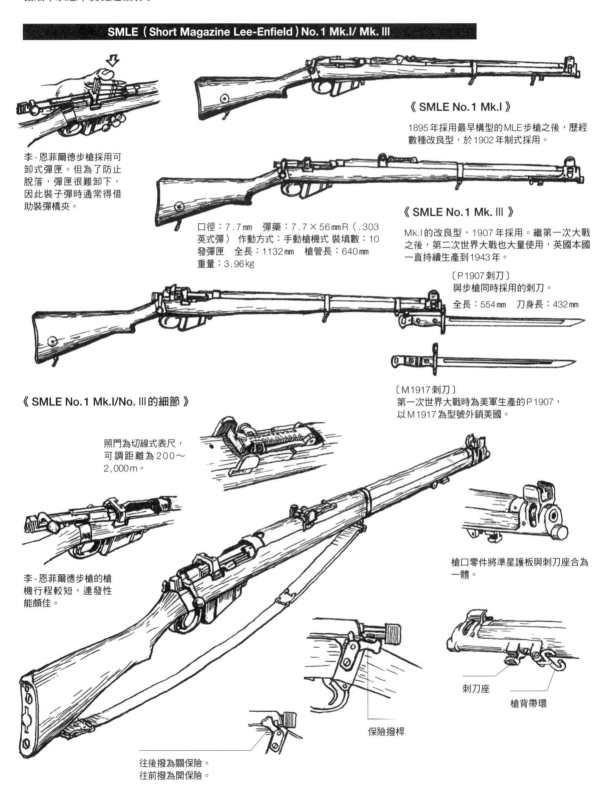

李-恩菲爾德步槍採用可卸式彈匣。但為了防止脫落，彈匣很難卸下，因此裝子彈時通常得借助裝彈橋夾。

《 SMLE No.1 Mk.I 》

1895年採用最早構型的MLE步槍之後，歷經數種改良型，於1902年制式採用。

口徑：7.7mm　彈藥：7.7×56mmR（.303英式彈）　作動方式：手動槍機式　裝填數：10發彈匣　全長：1132mm　槍管長：640mm　重量：3.96kg

《 SMLE No.1 Mk. III 》

Mk.I的改良型，1907年採用。繼第一次大戰之後，第二次世界大戰也大量使用，英國本國一直持續生產到1943年。

〔P1907刺刀〕
與步槍同時採用的刺刀。

全長：554mm　刀身長：432mm

〔M1917刺刀〕
第一次世界大戰時為美軍生產的P1907，以M1917為型號外銷美國。

《 SMLE No.1 Mk.I/No. III的細節 》

照門為切線式表尺，可調距離為200～2,000m。

李-恩菲爾德步槍的槍機行程較短，連發性能頗佳。

槍口零件將準星護板與刺刀座合為一體。

刺刀座

槍背帶環

保險撥桿

往後撥為關保險。
往前撥為開保險。

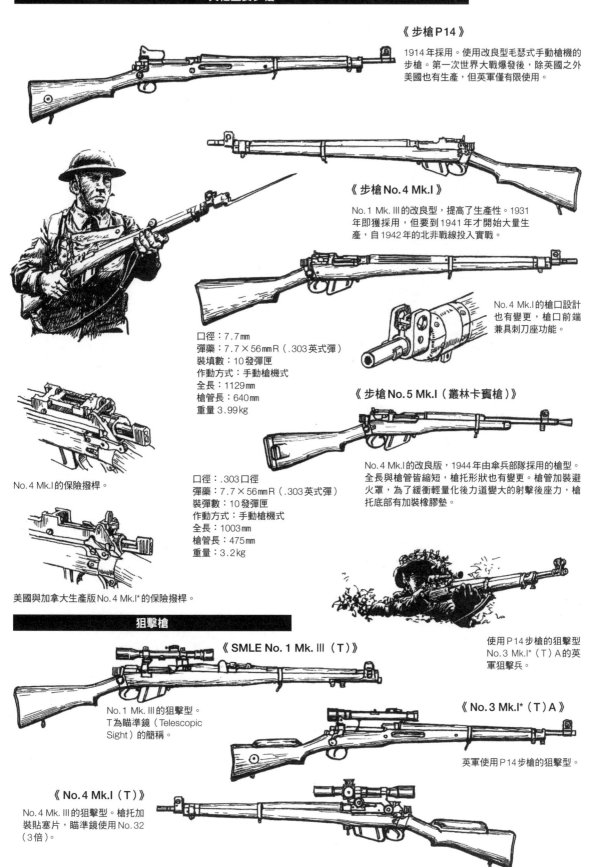

《步槍P14》

1914年採用。使用改良型毛瑟式手動槍機的步槍。第一次世界大戰爆發後，除英國之外美國也有生產，但英軍僅有限使用。

《步槍No.4 Mk.I》

No.1 Mk.III的改良型，提高了生產性。1931年即獲採用，但要到1941年才開始大量生產，自1942年的北非戰線投入實戰。

No.4 Mk.I的槍口設計也有變更，槍口前端兼具刺刀座功能。

口徑：7.7mm
彈藥：7.7×56mmR（.303英式彈）
裝填數：10發彈匣
作動方式：手動槍機式
全長：1129mm
槍管長：640mm
重量 3.99kg

《步槍No.5 Mk.I（叢林卡賓槍）》

No.4 Mk.I的改良版，1944年由傘兵部隊採用的槍型。全長與槍管皆縮短，槍托形狀也有變更。槍管加裝避火罩，為了緩衝輕量化後力道變大的射擊後座力，槍托底部有加裝橡膠墊。

No.4 Mk.I的保險撥桿。

口徑：.303口徑
彈藥：7.7×56mmR（.303英式彈）
裝彈數：10發彈匣
作動方式：手動槍機式
全長：1003mm
槍管長：475mm
重量：3.2kg

美國與加拿大生產版No.4 Mk.I*的保險撥桿。

狙擊槍

使用P14步槍的狙擊型No.3 Mk.I*（T）A的英軍狙擊兵。

《SMLE No.1 Mk.III（T）》

No.1 Mk.III的狙擊型。T為瞄準鏡（Telescopic Sight）的簡稱。

《No.3 Mk.I*（T）A》

英軍使用P14步槍的狙擊型。

《No.4 Mk.I（T）》

No.4 Mk.III的狙擊型。槍托加裝貼塞片，瞄準鏡使用No.32（3倍）。

衝鋒槍

英軍於1940年6月在法國戰役失敗，自敦克爾克撤退之際，喪失了大量輕兵器。為了準備抵禦德國入侵英國，決定研製一種構造簡單、易於加工生產的9mm口徑衝鋒槍。這款稱為「斯登衝鋒槍」的槍械被大量生產，成為英軍與大英國協軍的主力衝鋒槍。

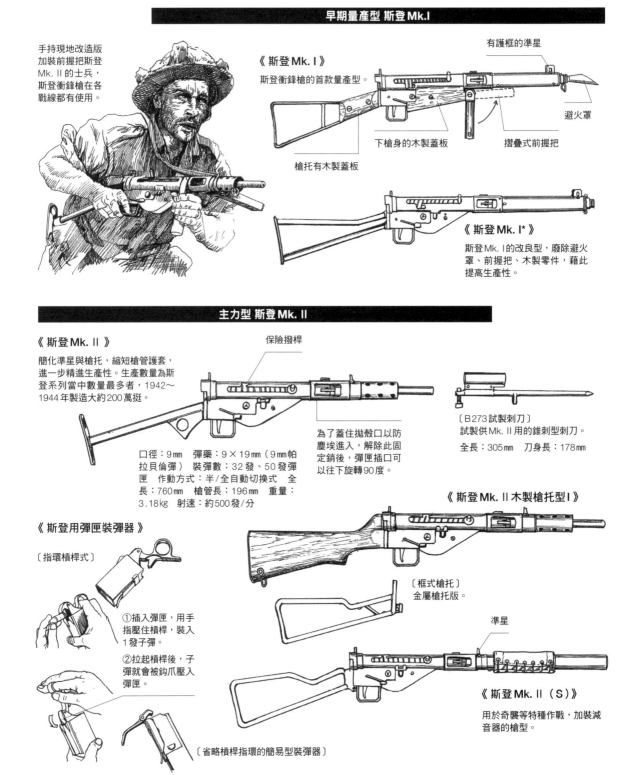

早期量產型 斯登Mk.I

手持現地改造版加裝前握把斯登Mk.II的士兵，斯登衝鋒槍在各戰線都有使用。

《斯登Mk.I》
斯登衝鋒槍的首款量產型。

有護框的準星

避火罩

下槍身的木製蓋板

摺疊式前握把

槍托有木製蓋板

《斯登Mk.I*》
斯登Mk.I的改良型，廢除避火罩、前握把、木製零件，藉此提高生產性。

主力型 斯登Mk.II

《斯登Mk.II》
簡化準星與槍托，縮短槍管護套，進一步精進生產性。生產數量為斯登系列當中數量最多者，1942～1944年製造大約200萬挺。

保險撥桿

為了蓋住拋殼口以防塵埃進入，解除此固定銷後，彈匣插口可以往下旋轉90度。

口徑：9mm　彈藥：9×19mm（9mm帕拉貝倫彈）　裝彈數：32發、50發彈匣　作動方式：半/全自動切換式　全長：760mm　槍管長：196mm　重量：3.18kg　射速：約500發/分

〔B273試製刺刀〕
試製供Mk.II用的錐刺型刺刀。
全長：305mm　刀身長：178mm

《斯登Mk.II木製槍托型I》

〔框式槍托〕
金屬槍托版。

準星

《斯登Mk.II（S）》
用於奇襲等特種作戰，加裝減音器的槍型。

《斯登用彈匣裝彈器》

〔指環槓桿式〕

①插入彈匣，用手指壓住槓桿，裝入1發子彈。

②拉起槓桿後，子彈就會被鉤爪壓入彈匣。

〔省略槓桿指環的簡易型裝彈器〕

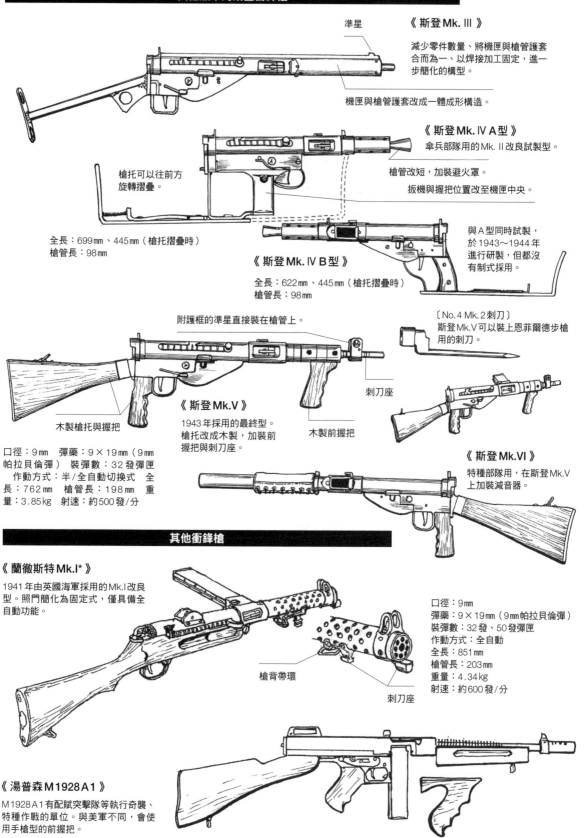

準星

《斯登Mk. III》

減少零件數量、將機匣與槍管護套合而為一、以焊接加工固定，進一步簡化的構型。

機匣與槍管護套改成一體成形構造。

《斯登Mk. IV A型》

傘兵部隊用的Mk. II改良試製型。

槍托可以往前方旋轉摺疊。

槍管改短，加裝避火罩。

扳機與握把位置改至機匣中央。

全長：699mm、445mm（槍托摺疊時）
槍管長：98mm

《斯登Mk. IV B型》

與A型同時試製，於1943～1944年進行研製，但都沒有制式採用。

全長：622mm、445mm（槍托摺疊時）
槍管長：98mm

附護框的準星直接裝在槍管上。

〔No. 4 Mk. 2刺刀〕
斯登Mk.V可以裝上恩菲爾德步槍用的刺刀。

木製槍托與握把

《斯登Mk.V》

1943年採用的最終型。槍托改成木製，加裝前握把與刺刀座。

刺刀座

木製前握把

口徑：9mm　彈藥：9×19mm（9mm帕拉貝倫彈）　裝彈數：32發彈匣　作動方式：半/全自動切換式　全長：762mm　槍管長：198mm　重量：3.85kg　射速：約500發/分

《斯登Mk.VI》

特種部隊用，在斯登Mk.V上加裝減音器。

其他衝鋒槍

《蘭徹斯特Mk.I*》

1941年由英國海軍採用的Mk.I改良型。照門簡化為固定式，僅具備全自動功能。

槍背帶環

刺刀座

口徑：9mm
彈藥：9×19mm（9mm帕拉貝倫彈）
裝彈數：32發、50發彈匣
作動方式：全自動
全長：851mm
槍管長：203mm
重量：4.34kg
射速：約600發/分

《湯普森M1928A1》

M1928A1有配賦突擊隊等執行奇襲、特種作戰的單位。與美軍不同，會使用手槍型的前握把。

機槍

布倫輕機槍

為了換用新型輕機槍，英軍從1922年展開招標測試，參與競標的廠商包括路易士、麥德森、哈奇開斯、白朗寧、布魯諾等國內外廠商。最後由布魯諾兵工廠（捷克斯洛伐克）的ZB vz26的7.7mm彈規格ZBG30雀屏中選。這款機槍經過數次修改，於1938年制式採用為布倫輕機槍。

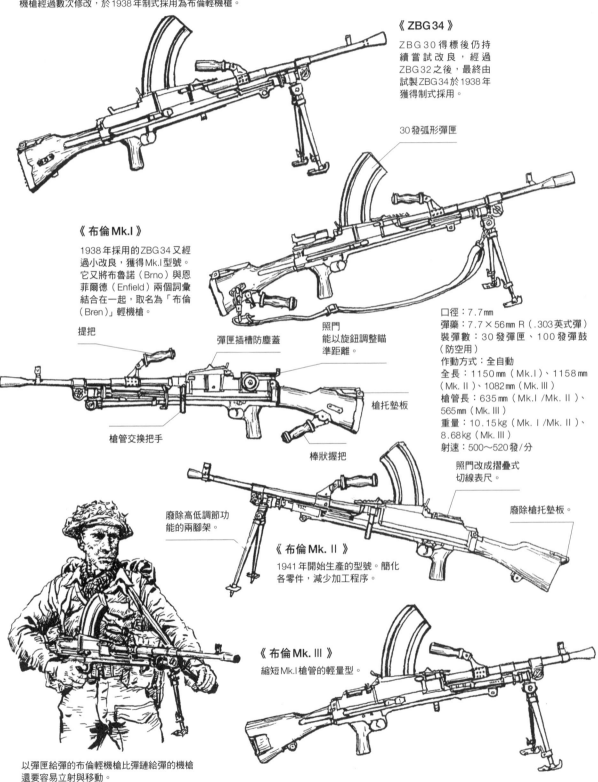

《ZBG34》

ZBG30得標後仍持續嘗試改良，經過ZBG32之後，最終由試製ZBG34於1938年獲得制式採用。

30發弧形彈匣

《布倫Mk.I》

1938年採用的ZBG34又經過小改良，獲得Mk.I型號。它又將布魯諾（Brno）與恩菲爾德（Enfield）兩個詞彙結合在一起，取名為「布倫（Bren）」輕機槍。

提把

彈匣插槽防塵蓋

照門
能以旋鈕調整瞄準距離。

槍托墊板

槍管交換把手

棒狀握把

口徑：7.7mm
彈藥：7.7×56mm R（.303英式彈）
裝彈數：30發彈匣、100發彈鼓（防空用）
作動方式：全自動
全長：1150mm（Mk.I）、1158mm（Mk.II）、1082mm（Mk.III）
槍管長：635mm（Mk.I／Mk.II）、565mm（Mk.III）
重量：10.15kg（Mk.I／Mk.II）、8.68kg（Mk.III）
射速：500～520發／分

照門改成摺疊式切線表尺。

廢除槍托墊板。

廢除高低調節功能的兩腳架。

《布倫Mk.II》

1941年開始生產的型號。簡化各零件，減少加工程序。

《布倫Mk.III》

縮短Mk.I槍管的輕量型。

以彈匣給彈的布倫輕機槍比彈鏈給彈的機槍還要容易立射與移動。

《布倫 Mk.I 與 Mk.Ⅱ 的細節差異》

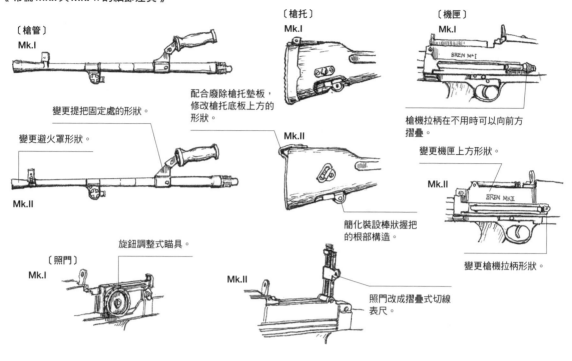

〔槍管〕
Mk.I

變更提把固定處的形狀。

變更避火罩形狀。

Mk.Ⅱ

〔槍托〕
Mk.I

配合廢除槍托墊板，修改槍托底板上方的形狀。

Mk.Ⅱ

簡化裝設棒狀握把的根部構造。

〔機匣〕
Mk.I

BREN M-I

槍機拉柄在不用時可以向前方摺疊。

變更機匣上方形狀。

Mk.Ⅱ

BREN MKⅡ

變更槍機拉柄形狀。

旋鈕調整式瞄具。

〔照門〕
Mk.I

Mk.Ⅱ

照門改成摺疊式切線表尺。

《布倫輕機槍的配件》

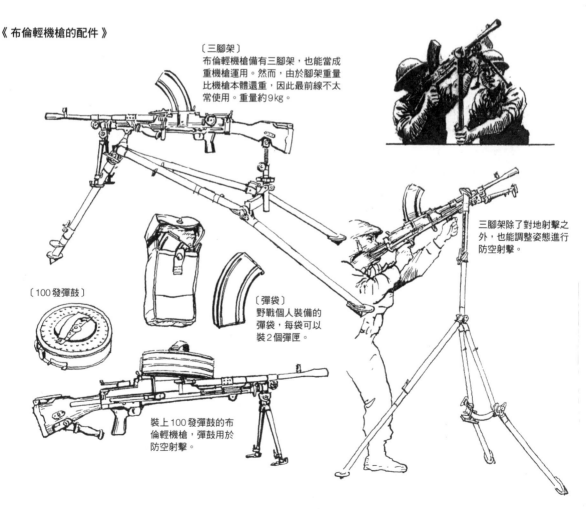

〔三腳架〕
布倫輕機槍備有三腳架，也能當成重機槍運用。然而，由於腳架重量比機槍本體還重，因此最前線不太常使用。重量約9kg。

三腳架除了對地射擊之外，也能調整姿態進行防空射擊。

〔100發彈鼓〕

〔彈袋〕
野戰個人裝備的彈袋，每袋可以裝2個彈匣。

裝上100發彈鼓的布倫輕機槍，彈鼓用於防空射擊。

路易士輕機槍

路易士輕機槍的原型是在1911年由美國研製，雖然美軍並未採用，但英軍於1913年採用為路易士Mk.I。第一次世界大戰時期，它是盟軍配備的輕機槍當中戰場實用性最高的槍型之一。雖然它在第二次世界大戰已顯落伍，不過英軍仍有輔助性使用。

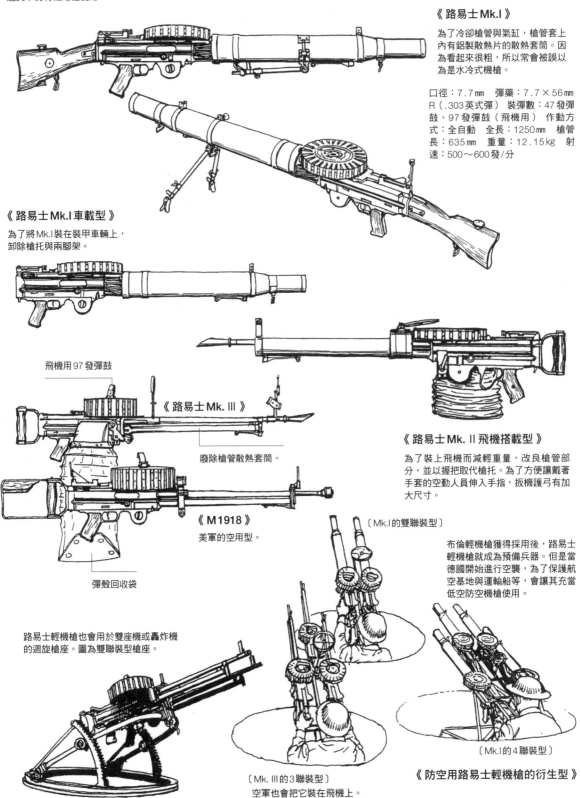

《路易士Mk.I》

為了冷卻槍管與氣缸，槍管套上內有鋁製散熱片的散熱套筒。因為看起來很粗，所以常會被誤以為是水冷式機槍。

口徑：7.7mm　彈藥：7.7×56mmR（.303英式彈）　裝彈數：47發彈鼓、97發彈鼓（飛機用）　作動方式：全自動　全長：1250mm　槍管長：635mm　重量：12.15kg　射速：500～600發/分

《路易士Mk.I車載型》

為了將Mk.I裝在裝甲車輛上，卸除槍托與兩腳架。

飛機用97發彈鼓

《路易士Mk.III》

廢除槍管散熱套筒。

《路易士Mk.II飛機搭載型》

為了裝上飛機而減輕重量，改良槍管部分，並以握把取代槍托。為了方便讓戴著手套的空勤人員伸入手指，扳機護弓有加大尺寸。

《M1918》

美軍的空用型。

彈殼回收袋

路易士輕機槍也會用於雙座機或轟炸機的迴旋槍座。圖為雙聯裝型槍座。

〔Mk.I的雙聯裝型〕

布倫輕機槍獲得採用後，路易士輕機槍就成為預備兵器。但是當德國開始進行空襲，為了保護航空基地與運輸船等，會讓其充當低空防空機槍使用。

〔Mk.I的4聯裝型〕

《防空用路易士輕機槍的衍生型》

〔Mk.III的3聯裝型〕
空軍也會把它裝在飛機上。

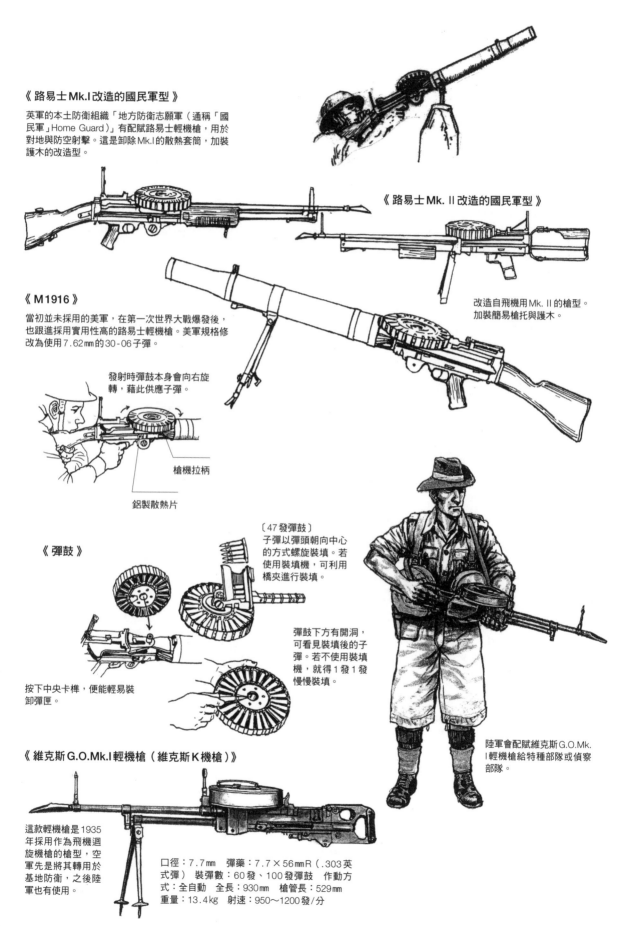

《路易士Mk.I改造的國民軍型》

英軍的本土防衛組織「地方防衛志願軍（通稱「國民軍」Home Guard）」有配賦路易士輕機槍，用於對地與防空射擊。這是卸除Mk.I的散熱套筒，加裝護木的改造型。

《路易士Mk.II改造的國民軍型》

改造自飛機用Mk.II的槍型。加裝簡易槍托與護木。

《M1916》

當初並未採用的美軍，在第一次世界大戰爆發後，也跟進採用實用性高的路易士輕機槍。美軍規格修改為使用7.62mm的30-06子彈。

發射時彈鼓本身會向右旋轉，藉此供應子彈。

槍機拉柄

鋁製散熱片

《彈鼓》

〔47發彈鼓〕
子彈以彈頭朝向中心的方式螺旋裝填。若使用裝填機，可利用橋夾進行裝填。

彈鼓下方有開洞，可看見裝填後的子彈。若不使用裝填機，就得1發1發慢慢裝填。

按下中央卡榫，便能輕易裝卸彈匣。

陸軍會配賦維克斯G.O.Mk.I輕機槍給特種部隊或偵察部隊。

《維克斯G.O.Mk.I輕機槍（維克斯K機槍）》

這款輕機槍是1935年採用作為飛機迴旋機槍的槍型，空軍先是將其轉用於基地防衛，之後陸軍也有使用。

口徑：7.7mm　彈藥：7.7×56mmR（.303英式彈）　裝彈數：60發、100發彈鼓　作動方式：全自動　全長：930mm　槍管長：529mm　重量：13.4kg　射速：950～1200發/分

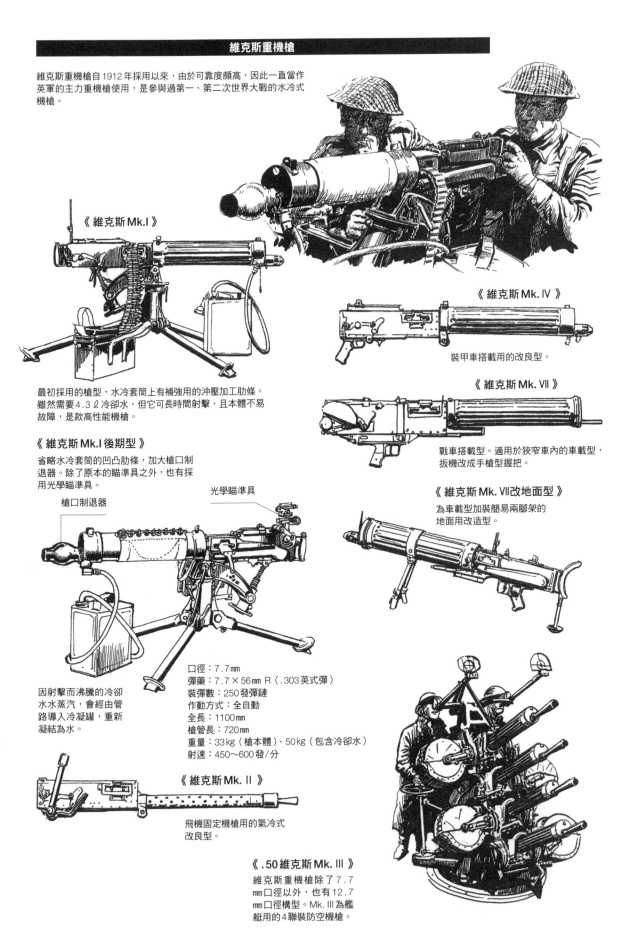

維克斯重機槍

維克斯重機槍自1912年採用以來，由於可靠度頗高，因此一直當作英軍的主力重機槍使用，是參與過第一、第二次世界大戰的水冷式機槍。

《維克斯Mk.I》

最初採用的槍型，水冷套筒上有補強用的沖壓加工肋條。雖然需要4.3ℓ冷卻水，但它可長時間射擊，且本體不易故障，是款高性能機槍。

《維克斯Mk.I後期型》

省略水冷套筒的凹凸肋條，加大槍口制退器。除了原本的瞄準具之外，也有採用光學瞄準具。

槍口制退器

光學瞄準具

因射擊而沸騰的冷卻水水蒸汽，會經由管路導入冷凝罐，重新凝結為水。

口徑：7.7mm
彈藥：7.7×56mm R（.303英式彈）
裝彈數：250發彈鏈
作動方式：全自動
全長：1100mm
槍管長：720mm
重量：33kg（槍本體）、50kg（包含冷卻水）
射速：450～600發/分

《維克斯Mk.II》

飛機固定機槍用的氣冷式改良型。

《.50維克斯Mk.III》

維克斯重機槍除了7.7mm口徑以外，也有12.7mm口徑構型。Mk.III為艦艇用的4聯裝防空機槍。

《維克斯Mk.IV》

裝甲車搭載用的改良型。

《維克斯Mk.VII》

戰車搭載型。適用於狹窄車內的車載型，扳機改成手槍型握把。

《維克斯Mk.VII改地面型》

為車載型加裝簡易兩腳架的地面用改造型。

《H51彈鏈盒》

盒子為兩層構造，外側為木製，附提把與布製揹帶。內盒為保存子彈用的金屬密封罐。使用時要拉開拉環打開密封罐。子彈裝在布製250發彈鏈上存放於盒內。

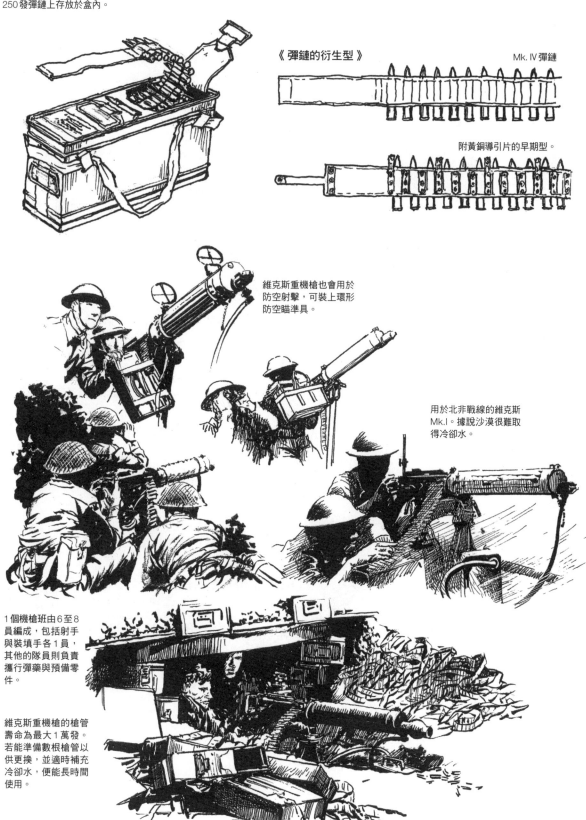

《彈鏈的衍生型》

Mk. IV 彈鏈

附黃銅導引片的早期型。

維克斯重機槍也會用於防空射擊，可裝上環形防空瞄準具。

用於北非戰線的維克斯Mk.I。據說沙漠很難取得冷卻水。

1個機槍班由6至8員編成，包括射手與裝填手各1員，其他的隊員則負責攜行彈藥與預備零件。

維克斯重機槍的槍管壽命為最大1萬發。若能準備數根槍管以供更換，並適時補充冷卻水，便能長時間使用。

手榴彈

雖然英軍的手榴彈以米爾斯最為出名，但其他還有幾款戰爭時期採用的簡易版，以及傘兵部隊與突擊隊用的特殊彈種，有數種類型。

米爾斯手榴彈

1915年採用的打擊發火式手榴彈。No.5 Mk.I是最早具備擊針、保險銷、保險壓板的手榴彈。早期的延時引信為7秒，後來縮短為4秒。最早的No.5 Mk.I歷經修改，包含戰後使用的型號在內共推出9種。

為了防止勾到保險壓板，彈體設計相當精密。

重量：765g
全長：95.2mm
直徑：61mm
炸藥：巴拉托71g

米爾斯手榴彈的底部。

英軍規定手榴彈以掛在彈袋側面的方式攜行2顆，像圖中這樣掛在腰帶等處的樣貌相當罕見。

《當成槍榴彈使用的形態》

把米爾斯手榴彈當成槍榴彈使用之際，會在底部加裝圓板。

《米爾斯手榴彈的內部構造》

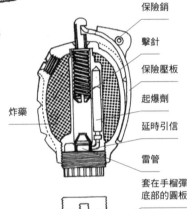

保險銷
擊針
保險壓板
起爆劑
炸藥
延時引信
雷管
套在手榴彈底部的圓板

《No.1 Mk.I槍榴彈發射器》

第一次世界大戰時期採用的槍榴彈發射器。在手榴彈上加裝發射用圓板，以空包彈打出。第二次世界大戰時也會使用No.68戰車防禦榴彈。

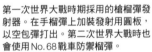

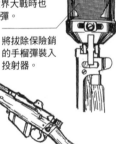

將拔除保險銷的手榴彈裝入投射器。

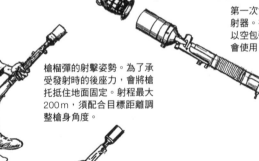

槍榴彈的射擊姿勢。為了承受發射時的後座力，會將槍托抵住地面固定。射程最大200m，須配合目標距離調整槍身角度。

《No.69手榴彈》

重量：383g
全長：114mm
直徑：60mm
炸藥：高爆藥92g

彈體為電木材質的攻擊型手榴彈。使用萬向引信，在手榴彈受到任意方向衝擊時都能起爆。為了提高殺傷力，也會加裝金屬破片套（右圖）。

《No.68戰車防禦榴彈》

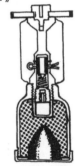

重量：894g
全長：165mm
直徑：60mm
炸藥：TNT、苦味酸、彭特來等156g

〔No.68戰車防禦榴彈的內部構造〕

1940年研製、採用的成形裝藥彈。自No.1 Mk.I投射器發射，最大可擊破52mm厚的裝甲板。

《No.74戰車防禦手榴彈》

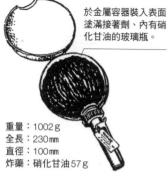

於金屬容器裝入表面塗滿接著劑、內有硝化甘油的玻璃瓶。

重量：1002g
全長：230mm
直徑：100mm
炸藥：硝化甘油57g

軍隊及國民軍於1940年採用。彈體具有黏性，用以黏附目標將之破壞，因此又稱「黏性炸彈（Sticky Bomb）」。

《No.76特別燒夷手榴彈》

生橡膠
苯
水
白燐

以玻璃瓶製作的簡易式燒夷手榴彈。瓶子破裂後白燐會自然發火，藉此構成火炎瓶。1940年開始製造。

重量：538g　全長：154mm
直徑：63.5mm

《No.80煙幕彈》

白燐煙幕彈。

重量：553g　全長：140mm
直徑：61mm　炸藥：白燐57g

《No.82手榴彈》

英國陸軍的加蒙上尉於1943年研製的反裝甲車輛用手榴彈。引信與No.69同型。引信下方為一口布袋，裡面裝入塑膠炸藥。主要配賦傘兵部隊與特種部隊。

其他武器

《Mk. II 2吋迫擊砲》

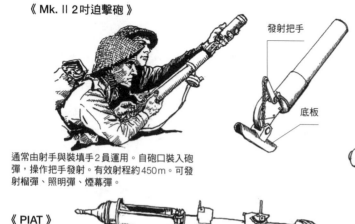

發射把手

底板

通常由射手與裝填手2員運用。自砲口裝入砲彈，操作把手發射。有效射程約450m。可發射榴彈、照明彈、煙幕彈。

1918年採用的步兵排用輕型迫擊砲。包含車輛搭載型與傘兵用等試製型在內，有推出數種構型。第二次世界大戰主要使用Mk. II。

口徑：50mm
重量：4.8kg
全長：530mm
仰角：45～90˚

《PIAT》

第二次世界大戰爆發後，為取代威力不足的戰防槍榴彈與戰防槍，於1942年研製的單兵攜行戰車防禦武器。制式名稱為「步兵用戰車防禦投射器（Projector, Infantry,Anti Tank）」，一般會取其簡寫稱作「PIAT」。

PIAT的彈體裝有發射藥，投射器內有附擊針的推桿，當它將彈體推出去的同時，彈體發射藥也會點火擊發。

口徑：83mm
全長：990mm
重量：15kg
有效射程距離：105m

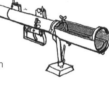

PIAT須由射手與裝填手2員運用。

刺刀

英軍的歷代刺刀，會依時代與槍械種類分別使用劍型與錐刺型。到了19世紀末期，也能當作刀具使用的劍型成為主流。第二次世界大戰時期雖然大量配備P1907刺刀，但配合新型步槍制定，錐刺型也重出江湖，採用新研製的No.4錐刺型刺刀。

M1907刺刀

全長：254mm
刀身長：203mm

供SMLE No.1 Mk.III用的刺刀，從最早的型號到第二次世界大戰採用的型號有改良護手與刀身，分別推出Mk.I至Mk.III等各種構型。

刀鞘為皮革材質，末端裝上鐵套用以補強。跟刺刀一樣，有推出數種版本。

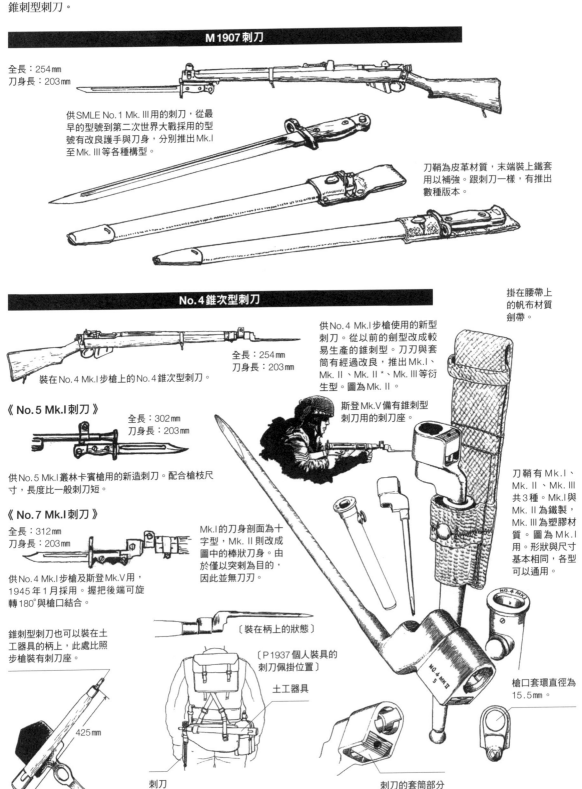

No.4錐次型刺刀

裝在No.4 Mk.I步槍上的No.4錐次型刺刀。

全長：254mm
刀身長：203mm

供No.4 Mk.I步槍使用的新型刺刀。從以前的劍型改成較易生產的錐刺型。刀刃與套筒有經過改良，推出Mk.I、Mk.II、Mk.II*、Mk.III等衍生型。圖為Mk.II。

斯登Mk.V備有錐刺型刺刀用的刺刀座。

《No.5 Mk.I刺刀》

全長：302mm
刀身長：203mm

供No.5 Mk.I叢林卡賓槍用的新造刺刀。配合槍枝尺寸，長度比一般刺刀短。

《No.7 Mk.I刺刀》

全長：312mm
刀身長：203mm

供No.4 Mk.I步槍及斯登Mk.V用，1945年1月採用。握把後端可旋轉180°與槍口結合。

Mk.I的刀身剖面為十字型，Mk.II則改成圖中的棒狀刀身。由於僅以突刺為目的，因此並無刀刃。

錐刺型刺刀也可以裝在土工器具的柄上，此處比照步槍裝有刺刀座。

掛在腰帶上的帆布材質劍帶。

刀鞘有Mk.I、Mk.II、Mk.III共3種。Mk.I與Mk.II為鐵製，Mk.III為塑膠材質。圖為Mk.I用。形狀與尺寸基本相同，各型可以通用。

〔裝在柄上的狀態〕

〔P1937個人裝具的刺刀佩掛位置〕

土工器具

425mm

刺刀

槍口套環直徑為15.5mm。

刺刀的套筒部分卡榫

英軍的步兵部隊編成

步兵分隊　1943年

英軍的步兵班包括班長1員、副班長1員、6員步槍兵、1員布倫機槍手、1員彈藥手，總共11員編成1個班。每班會分成步槍與機槍兩個小組，在班長指揮下遂行戰鬥。

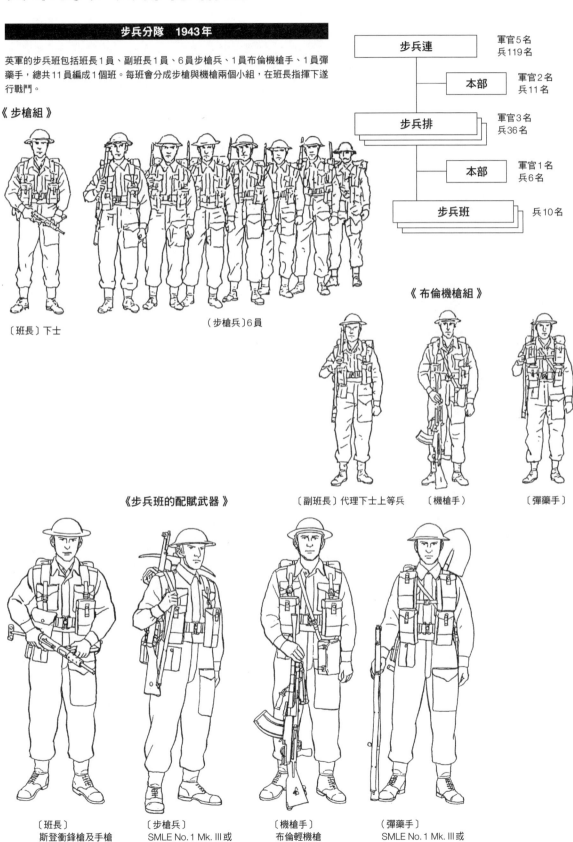

《步槍組》

〔班長〕下士

（步槍兵）6員

步兵連 — 軍官5名 兵119名
本部 — 軍官2名 兵11名
步兵排 — 軍官3名 兵36名
本部 — 軍官1名 兵6名
步兵班 — 兵10名

《布倫機槍組》

〔副班長〕代理下士上等兵

〔機槍手〕

〔彈藥手〕

《步兵班的配賦武器》

〔班長〕
斯登衝鋒槍及手槍

〔步槍兵〕
SMLE No.1 Mk.III 或
No.4 Mk.I步槍

〔機槍手〕
布倫輕機槍

〔彈藥手〕
SMLE No.1 Mk.III 或
No.4 Mk.I步槍

59

大英國協軍

大英國協各國配備以英軍為準的輕兵器，
除了從英國進口之外，各國也有授權生產。
另外，各成員國在第二次世界大戰期間
也會將自國生產的輕兵器提供給英國，
以彌補因敦克爾克撤退與德軍空襲造成的兵器數量不足。

加拿大軍

加拿大是由19世紀末創業的羅斯步槍公司負責生產軍用步槍，第一次世界大戰開始授權生產英國步槍，第二次大戰期間也有生產各種輕兵器供應盟軍使用。

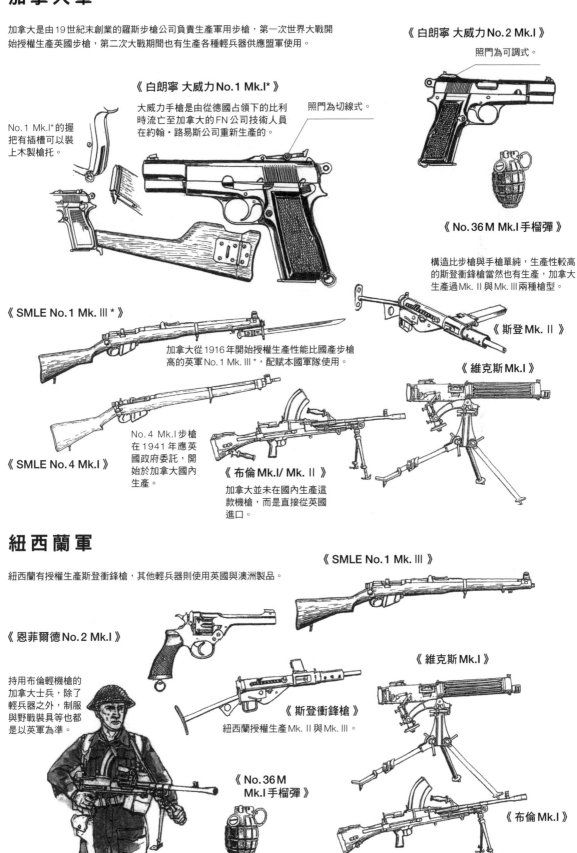

《白朗寧 大威力 No.2 Mk.I》

照門為可調式。

《白朗寧 大威力 No.1 Mk.I*》

大威力手槍是由從德國占領下的比利時流亡至加拿大的FN公司技術人員在約翰·路易斯公司重新生產的。

照門為切線式。

No.1 Mk.I*的握把有插槽可以裝上木製槍托。

《No.36M Mk.I手榴彈》

構造比步槍與手槍單純，生產性較高的斯登衝鋒槍當然也有生產，加拿大生產過Mk.II與Mk.III兩種槍型。

《SMLE No.1 Mk.III*》

加拿大從1916年開始授權生產性能比國產步槍高的英軍No.1 Mk.III*，配賦本國軍隊使用。

《斯登Mk.II》

《維克斯Mk.I》

No.4 Mk.I步槍在1941年應英國政府委託，開始於加拿大國內生產。

《SMLE No.4 Mk.I》

《布倫Mk.I/ Mk.II》

加拿大並未在國內生產這款機槍，而是直接從英國進口。

紐西蘭軍

紐西蘭有授權生產斯登衝鋒槍，其他輕兵器則使用英國與澳洲製品。

《SMLE No.1 Mk.III》

《恩菲爾德No.2 Mk.I》

持用布倫輕機槍的加拿大士兵，除了輕兵器之外，制服與野戰裝具等也都是以英軍為準。

《維克斯Mk.I》

《斯登衝鋒槍》

紐西蘭授權生產Mk.II與Mk.III。

《No.36M Mk.I手榴彈》

《布倫Mk.I》

澳大利亞軍

澳大利亞在第二次世界大戰時期除了有授權生產步槍與機槍，還有自行研製衝鋒槍。太平洋戰爭爆發後，國內生產的輕兵器除了供應澳洲本國使用，也會供應給英軍與紐西蘭軍。

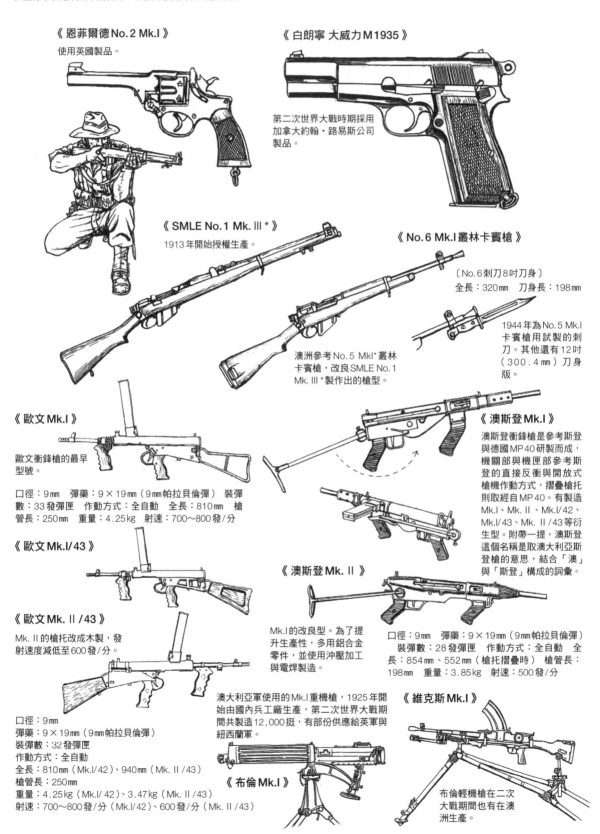

《恩菲爾德 No.2 Mk.I》
使用英國製品。

《白朗寧 大威力 M1935》
第二次世界大戰時期採用加拿大約翰・路易斯公司製品。

《SMLE No.1 Mk.III*》
1913年開始授權生產。

《No.6 Mk.I 叢林卡賓槍》

〔No.6刺刀8吋刀身〕
全長：320mm　刀身長：198mm

澳洲參考 No.5 MkI*叢林卡賓槍，改良SMLE No.1 Mk.III*製作出的槍型。

1944年為 No.5 Mk.I 卡賓槍用試製的刺刀。其他還有12吋（300.4mm）刀身版。

《歐文 Mk.I》
歐文衝鋒槍的最早型號。

口徑：9mm　彈藥：9×19mm（9mm帕拉貝倫彈）　裝彈數：33發彈匣　作動方式：全自動　全長：810mm　槍管長：250mm　重量：4.25kg　射速：700～800發/分

《澳斯登 Mk.I》
澳斯登衝鋒槍是參考斯登與德國MP40研製而成，機關部與彈匣部參考斯登的直接反衝與開放式槍機作動方式，摺疊槍托則取經自MP40。有製造 Mk.I、Mk.II、Mk.I/42、Mk.I/43、Mk.II/43等衍生型。附帶一提，澳斯登這個名稱是取澳大利亞斯登槍的意思，結合「澳」與「斯登」構成的詞彙。

《歐文 Mk.I/43》

《澳斯登 Mk.II》

《歐文 Mk.II/43》
Mk.II的槍托改成木製，發射速度減低至600發/分。

Mk.I的改良型。為了提升生產性，多用鋁合金零件，並使用沖壓加工與電焊製造。

口徑：9mm　彈藥：9×19mm（9mm帕拉貝倫彈）　裝彈數：28發彈匣　作動方式：全自動　全長：854mm、552mm（槍托摺疊時）　槍管長：198mm　重量：3.85kg　射速：500發/分

口徑：9mm
彈藥：9×19mm（9mm帕拉貝倫彈）
裝彈數：32發彈匣
作動方式：全自動
全長：810mm（Mk.I/42）、940mm（Mk.II/43）
槍管長：250mm
重量：4.25kg（Mk.I/42）、3.47kg（Mk.II/43）
射速：700～800發/分（Mk.I/42）、600發/分（Mk.II/43）

《維克斯 Mk.I》

澳大利亞軍使用的Mk.I重機槍，1925年開始由國內兵工廠生產，第二次世界大戰期間共製造12,000挺，有部份供應給英軍與紐西蘭軍。

《布倫 Mk.I》

布倫輕機槍在二次大戰期間也有在澳洲生產。

南非軍

南非軍也有制式採用英造輕兵器。

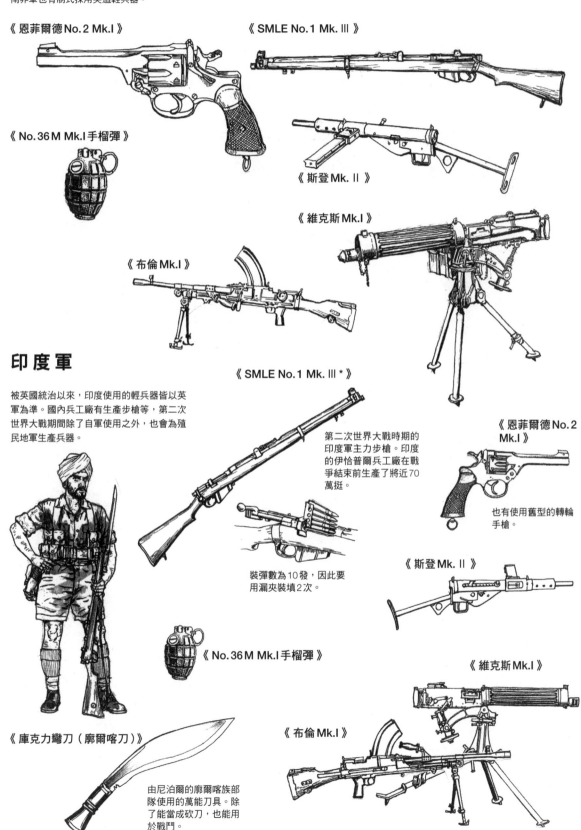

《恩菲爾德 No. 2 Mk.I》

《No. 36 M Mk.I 手榴彈》

《SMLE No. 1 Mk. III》

《斯登 Mk. II》

《布倫 Mk.I》

《維克斯 Mk.I》

印度軍

被英國統治以來，印度使用的輕兵器皆以英軍為準。國內兵工廠有生產步槍等，第二次世界大戰期間除了自軍使用之外，也會為殖民地軍生產兵器。

《SMLE No. 1 Mk. III *》

第二次世界大戰時期的印度軍主力步槍。印度的伊恰普爾兵工廠在戰爭結束前生產了將近70萬挺。

裝彈數為10發，因此要用漏夾裝填2次。

《恩菲爾德 No. 2 Mk.I》

也有使用舊型的轉輪手槍。

《斯登 Mk. II》

《No. 36 M Mk.I 手榴彈》

《維克斯 Mk.I》

《布倫 Mk.I》

《庫克力彎刀（廓爾喀刀）》

由尼泊爾的廓爾喀族部隊使用的萬能刀具。除了能當成砍刀，也能用於戰鬥。

蘇軍

俄國革命之後誕生的蘇聯，
工業發展相當迅速，開始自行研發兵器並加以生產，
第二次世界大戰之前已有多款制式採用。
第二次世界大戰時期，
蘇聯也推出許多易於生產且堅固耐用的輕兵器。

手槍

第二次世界大戰時期的蘇軍，除了自製槍型之外，還有使用自其他各國進口的槍型，或是從敵方繳獲的手槍，各種新舊款式皆有。其中制式軍用手槍最具代表性的就是納干轉輪手槍與托卡列夫。

納干M1895

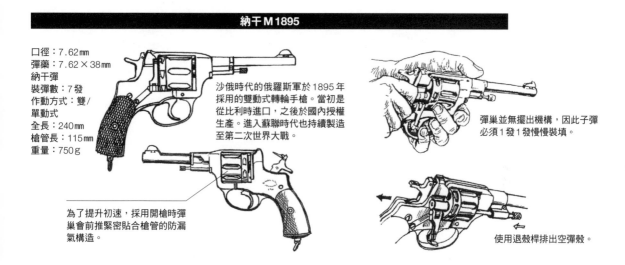

口徑：7.62mm
彈藥：7.62×38mm
納干彈
裝彈數：7發
作動方式：雙/
單動式
全長：240mm
槍管長：115mm
重量：750g

沙俄時代的俄羅斯軍於1895年採用的雙動式轉輪手槍。當初是從比利時進口，之後於國內授權生產。進入蘇聯時代也持續製造至第二次世界大戰。

彈巢並無擺出機構，因此子彈必須1發1發慢慢裝填。

為了提升初速，採用開槍時彈巢會前推緊密貼合槍管的防漏氣構造。

使用退殼桿排出空彈殼。

托卡列夫TT-1930

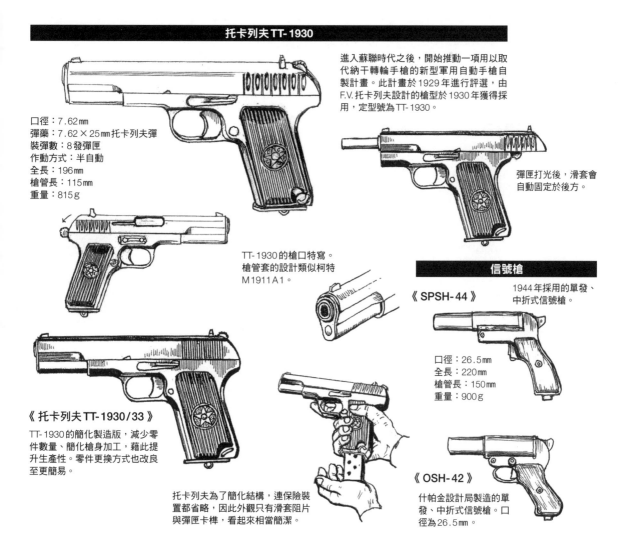

口徑：7.62mm
彈藥：7.62×25mm托卡列夫彈
裝彈數：8發彈匣
作動方式：半自動
全長：196mm
槍管長：115mm
重量：815g

進入蘇聯時代之後，開始推動一項以取代納干轉輪手槍的新型軍用自動手槍自製計畫。此計畫於1929年進行評選，由F.V.托卡列夫設計的槍型於1930年獲得採用，定型號為TT-1930。

彈匣打光後，滑套會自動固定於後方。

TT-1930的槍口特寫。槍管套的設計類似柯特M1911A1。

信號槍

《SPSH-44》

1944年採用的單發、中折式信號槍。

口徑：26.5mm
全長：220mm
槍管長：150mm
重量：900g

《托卡列夫TT-1930/33》

TT-1930的簡化製造版，減少零件數量、簡化槍身加工，藉此提升生產性。零件更換方式也改良至更簡易。

托卡列夫為了簡化結構，連保險裝置都省略，因此外觀只有滑套阻片與彈匣卡榫，看起來相當簡潔。

《OSH-42》

什帕金設計局製造的單發、中折式信號槍。口徑為26.5mm。

步 槍

蘇軍的主力步槍為沙俄時期制定的莫辛-納干步槍，經過歷次改良，一直用到戰爭結束。除此之外，1910年代也有開始研發自動步槍，雖然因俄國革命而暫時中斷，但在1930年代又重新啟動，在德蘇開戰之前完成研製工作，投入第二次世界大戰始用。

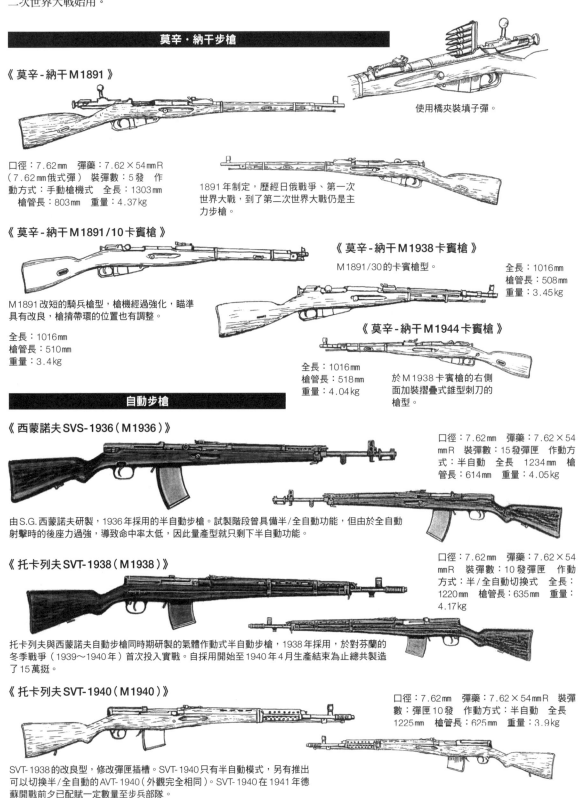

莫辛・納干步槍

《莫辛-納干M1891》

使用橋夾裝填子彈。

口徑：7.62mm　彈藥：7.62×54mmR（7.62俄式彈）　裝彈數：5發　作動方式：手動槍機式　全長：1303mm　槍管長：803mm　重量：4.37kg

1891年制定，歷經日俄戰爭、第一次世界大戰，到了第二次世界大戰仍是主力步槍。

《莫辛-納干M1891/10卡賓槍》

M1891改短的騎兵槍型，槍機經過強化，瞄準具有改良，槍掛帶環的位置也有調整。

全長：1016mm
槍管長：510mm
重量：3.4kg

《莫辛-納干M1938卡賓槍》

M1891/30的卡賓槍型。

全長：1016mm
槍管長：508mm
重量：3.45kg

《莫辛-納干M1944卡賓槍》

全長：1016mm
槍管長：518mm
重量：4.04kg

於M1938卡賓槍的右側面加裝摺疊式錐型刺刀的槍型。

自動步槍

《西蒙諾夫SVS-1936（M1936）》

口徑：7.62mm　彈藥：7.62×54mmR　裝彈數：15發彈匣　作動方式：半自動　全長1234mm　槍管長：614mm　重量：4.05kg

由S.G.西蒙諾夫研製，1936年採用的半自動步槍。試製階段曾具備半/全自動功能，但由於全自動射擊時的後座力過強，導致命中率太低，因此量產型就只剩下半自動功能。

《托卡列夫SVT-1938（M1938）》

口徑：7.62mm　彈藥：7.62×54mmR　裝彈數：10發彈匣　作動方式：半/全自動切換式　全長：1220mm　槍管長：635mm　重量：4.17kg

托卡列夫與西蒙諾夫自動步槍同時期研製的氣體作動式半自動步槍，1938年採用，於對芬蘭的冬季戰爭（1939～1940年）首次投入實戰。自採用開始至1940年4月生產結束為止總共製造了15萬挺。

《托卡列夫SVT-1940（M1940）》

口徑：7.62mm　彈藥：7.62×54mmR　裝彈數：彈匣10發　作動方式：半自動　全長1225mm　槍管長：625mm　重量：3.9kg

SVT-1938的改良型，修改彈匣插槽。SVT-1940只有半自動模式，另有推出可以切換半/全自動的AVT-1940（外觀完全相同）。SVT-1940在1941年德蘇開戰前夕已配賦一定數量至步兵部隊。

狙擊槍

第二次世界大戰時期，蘇軍狙擊兵曾相當活躍。其中又以在史達林格勒戰役（1942年）擊殺超過200人，獲得蘇聯英雄頭銜的瓦西里‧扎伊采夫最為出名。

《莫辛-納干M1891/30狙擊槍》

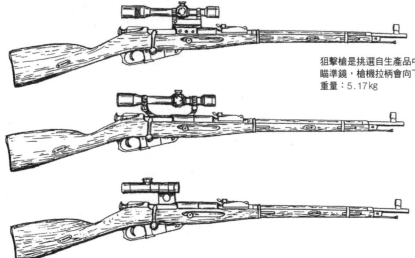

〔配備PE瞄準鏡〕
4倍瞄準鏡。瞄準鏡槍架裝在機匣上方。

狙擊槍是挑選自生產品中命中精準度較高的步槍，為了加裝瞄準鏡，槍機拉柄會向下彎曲。
重量：5.17kg

〔配備EPM瞄準鏡〕
廢除PE瞄準鏡調焦功能的型號。鏡架裝設位置從機匣上方移至左側面。

〔配備UP瞄準鏡〕
由於SVT-1940的狙擊槍版是失敗作品，因此將SVT-1940用的UP瞄準鏡改為裝在此槍型上。

《托卡列夫SVT-1940狙擊槍》

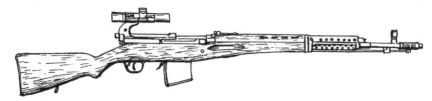

用以取代M1891/30，但由於出現零件耐用性不佳、進彈不良和集彈性等問題，1942年便告停產。

瞄準鏡

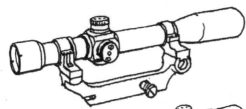

《PEM瞄準鏡》

PE瞄準鏡的改良型。
1937～1942年生產。

《UP瞄準鏡》

原本是供SVT-1940使用，但M1891/30也有用。

《SVT-1940用UP瞄準鏡》

使用SVT-1940專用的鏡架，裝在機匣後方，不須工具就能裝上。

蘇軍除了男性之外，女性狙擊兵也會在最前線作戰，戰功最輝煌的則是柳德米拉‧帕夫利琴科。她在1941年8月至1942年6月期間共擊殺了309人。

衝鋒槍

蘇軍為追求輕兵器的自動化，曾致力研製衝鋒槍，自1935年開始到第二次世界大戰結束為止，共推出了6款衝鋒槍。

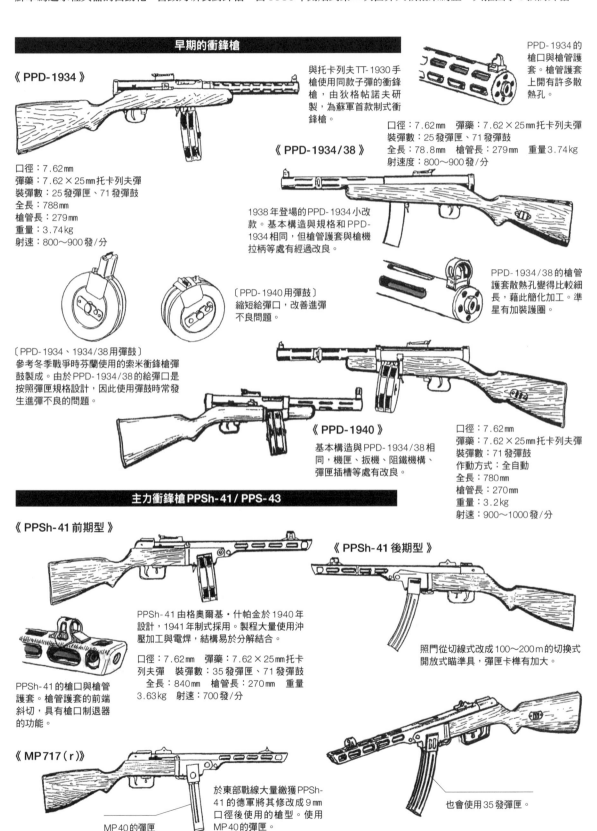

早期的衝鋒槍

《PPD-1934》

與托卡列夫TT-1930手槍使用同款子彈的衝鋒槍，由狄格帖諾夫研製，為蘇軍首款制式衝鋒槍。

PPD-1934的槍口與槍管護套。槍管護套上開有許多散熱孔。

口徑：7.62mm
彈藥：7.62×25mm托卡列夫彈
裝彈數：25發彈匣、71發彈鼓
全長：788mm
槍管長：279mm
重量：3.74kg
射速：800～900發/分

《PPD-1934/38》

1938年登場的PPD-1934小改款。基本構造與規格和PPD-1934相同，但槍管護套與槍機拉柄等處有經過改良。

口徑：7.62mm　彈藥：7.62×25mm托卡列夫彈
裝彈數：25發彈匣、71發彈鼓
全長：78.8mm　槍管長：279mm　重量3.74kg
射速：800～900發/分

PPD-1934/38的槍管護套散熱孔變得比較細長，藉此簡化加工。準星有加裝護圈。

〔PPD-1940用彈鼓〕
縮短給彈口，改善進彈不良問題。

〔PPD-1934、1934/38用彈鼓〕
參考冬季戰爭時芬蘭使用的索米衝鋒槍彈鼓製成。由於PPD-1934/38的給彈口是按照彈匣規格設計，因此使用彈鼓時常發生進彈不良的問題。

《PPD-1940》

基本構造與PPD-1934/38相同，機匣、扳機、阻鐵機構、彈匣插槽等處有改良。

口徑：7.62mm
彈藥：7.62×25mm托卡列夫彈
裝彈數：71發彈鼓
作動方式：全自動
全長：780mm
槍管長：270mm
重量：3.2kg
射速：900～1000發/分

主力衝鋒槍PPSh-41/PPS-43

《PPSh-41前期型》

PPSh-41由格奧爾基・什帕金於1940年設計，1941年制式採用。製程大量使用沖壓加工與電焊，結構易於分解結合。

口徑：7.62mm　彈藥：7.62×25mm托卡列夫彈　裝彈數：35發彈匣、71發彈鼓
全長：840mm　槍管長：270mm　重量3.63kg　射速：700發/分

PPSh-41的槍口與槍管護套。槍管護套的前端斜切，具有槍口制退器的功能。

《PPSh-41後期型》

照門從切線式改成100～200m的切換式開放式瞄準具，彈匣卡榫有加大。

《MP717（r）》

於東部戰線大量繳獲PPSh-41的德軍將其修改成9mm口徑後使用的槍型。使用MP40的彈匣。

MP40的彈匣

也會使用35發彈匣。

蘇軍步兵攀乘戰車時，乘車士兵有時全部都會配備衝鋒槍。

〔彈鼓袋〕
最早是在採用PPD-1934的彈鼓時製成。材質與腰帶環等設計細節會依時期與生產工廠而有差異。

有不少士兵並未攜帶彈鼓袋，按照規定必需攜帶1個。

德蘇戰早期，蘇軍喪失大量武器，因此會大量生產比步槍容易製造，且操作更為簡易的衝鋒槍。

彈鼓袋為PPD-1934、PPSh-41共用。

彈鼓袋

手榴彈袋

觀看當時的照片與紀錄片，常可看見以左手握持彈匣進行射擊的姿勢，但基本姿勢應該是要握住彈匣後方的槍托。

《PPS-42》

口徑：7.62mm
彈藥：7.62×25mm托卡列夫彈
裝彈數：35發彈匣
全長896mm、640mm（槍托摺疊時）
槍管長：241mm
重量：2.63kg
射速：700發/分

1942年，在被德軍包圍的列寧格勒緊急製造。機匣與槍管護套、槍托改成較易生產的沖壓加工零件，聽說槍管也是利用舊式步槍或機槍的預備槍管加工製成。

《PPS-43》

雖然是急造設計，但PPS-42不論是生產性或成本、性能皆很優秀，因此便加以改良，並制式採用為PPS-43。

口徑：7.62mm
彈藥：7.62×25mm托卡列夫彈
裝彈數：35發彈匣
全長：830mm、615mm（槍托摺疊時）
槍管長：241mm
重量：3.0kg
射速：650發/分

沖壓加工製成的PPS-43槍口制退器。

機槍

蘇聯建立之後，蘇軍為了更新沙俄時代的舊型兵器，於1920年代後半開始推展自製研發工作。依此計畫，研製出了多款新型輕、重機槍，於第二次世界大戰投入使用。

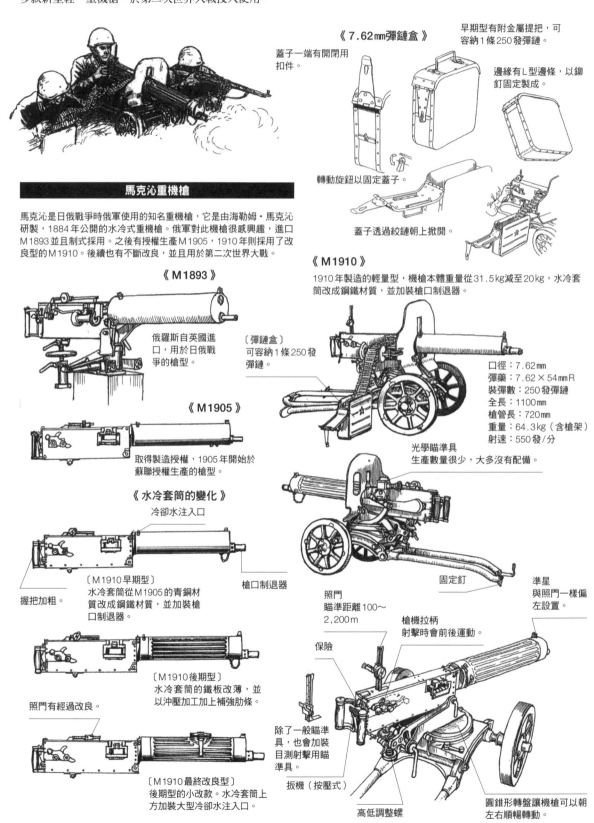

《7.62㎜彈鏈盒》

蓋子一端有開閉用扣件。

早期型有附金屬提把，可容納1條250發彈鏈。

邊緣有L型邊條，以鉚釘固定製成。

轉動旋鈕以固定蓋子。

蓋子透過絞鏈朝上掀開。

馬克沁重機槍

馬克沁是日俄戰爭時俄軍使用的知名重機槍，它是由海勒姆·馬克沁研製，1884年公開的水冷式重機槍。俄軍對此機槍很感興趣，進口M1893並且制式採用。之後有授權生產M1905，1910年則採用了改良型的M1910。後續也有不斷改良，並且用於第二次世界大戰。

《M1893》

俄羅斯自英國進口，用於日俄戰爭的槍型。

《M1905》

取得製造授權，1905年開始於蘇聯授權生產的槍型。

《水冷套筒的變化》

冷卻水注入口

〔M1910早期型〕
水冷套筒從M1905的青銅材質改成鋼鐵材質，並加裝槍口制退器。

握把加粗。

槍口制退器

〔M1910後期型〕
水冷套筒的鐵板改薄，並以沖壓加工加上補強肋條。

照門有經過改良。

〔M1910最終改良型〕
後期型的小改款。水冷套筒上方加裝大型冷卻水注入口。

《M1910》

1910年製造的輕量型，機槍本體重量從31.5kg減至20kg，水冷套筒改成鋼鐵材質，並加裝槍口制退器。

〔彈鏈盒〕
可容納1條250發彈鏈。

口徑：7.62mm
彈藥：7.62×54mmR
裝彈數：250發彈鏈
全長：1100mm
槍管長：720mm
重量：64.3kg（含槍架）
射速：550發/分

光學瞄準具
生產數量很少，大多沒有配備。

固定釘

準星
與照門一樣偏左設置。

照門
瞄準距離100～2,200m

保險

槍機拉柄
射擊時會前後運動。

除了一般瞄準具，也會加裝目測射擊用瞄準具。

扳機（按壓式）

高低調整螺

圓錐形轉盤讓機槍可以朝左右順暢轉動。

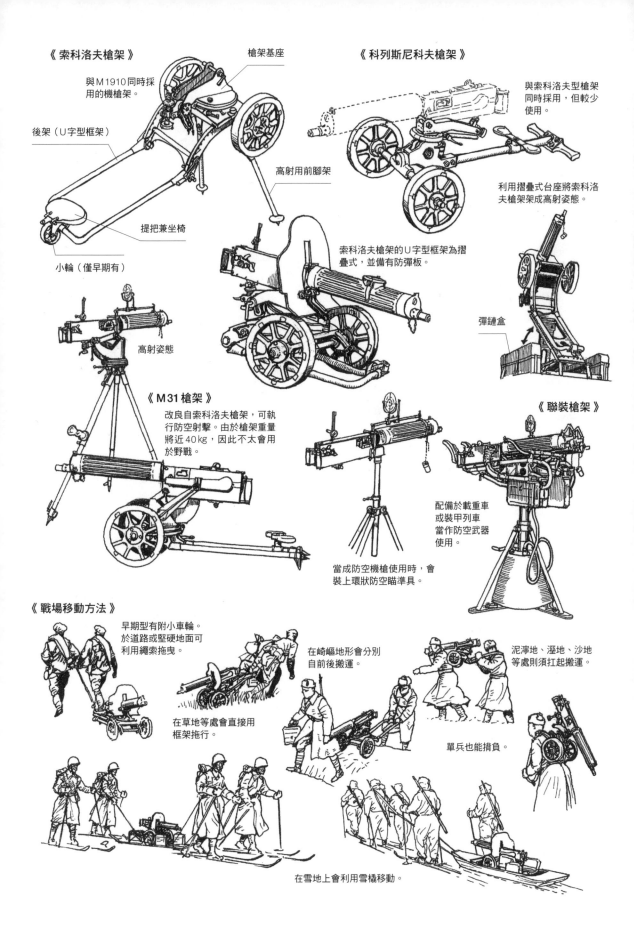

《索科洛夫槍架》

槍架基座

與M1910同時採用的機槍架。

後架（U字型框架）

高射用前腳架

提把兼坐椅

小輪（僅早期有）

《科列斯尼科夫槍架》

與索科洛夫型槍架同時採用，但較少使用。

利用摺疊式台座將索科洛夫槍架架成高射姿態。

索科洛夫槍架的U字型框架為摺疊式，並備有防彈板。

彈鏈盒

高射姿態

《M31槍架》

改良自索科洛夫槍架，可執行防空射擊。由於槍架重量將近40kg，因此不太會用於野戰。

《聯裝槍架》

配備於載重車或裝甲列車當作防空武器使用。

當成防空機槍使用時，會裝上環狀防空瞄準具。

《戰場移動方法》

早期型有附小車輪。於道路或堅硬地面可利用繩索拖曳。

在崎嶇地形會分別自前後搬運。

泥濘地、溼地、沙地等處則須扛起搬運。

在草地等處會直接用框架拖行。

單兵也能揹負。

在雪地上會利用雪橇移動。

71

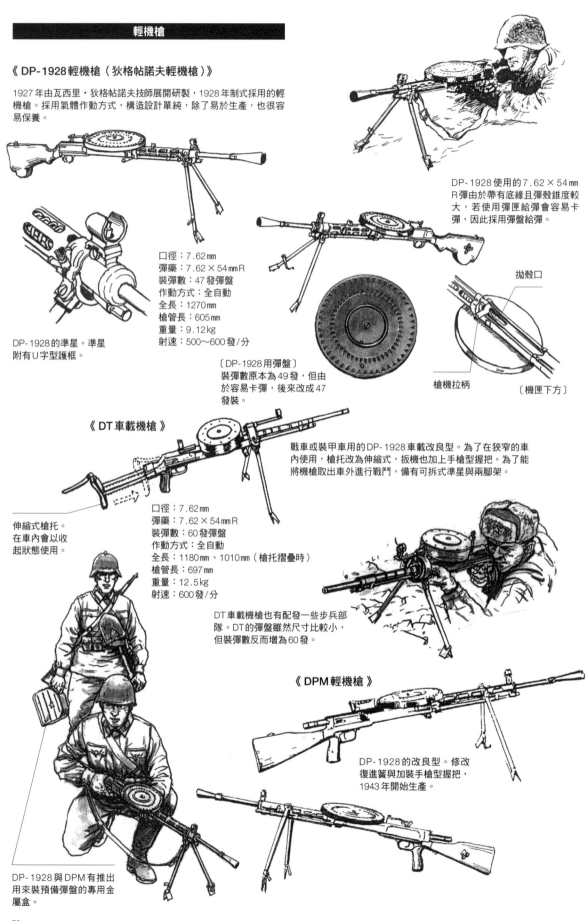

輕機槍

《DP-1928輕機槍（狄格帖諾夫輕機槍）》

1927年由瓦西里‧狄格帖諾夫技師展開研製，1928年制式採用的輕機槍。採用氣體作動方式，構造設計單純，除了易於生產，也很容易保養。

DP-1928使用的7.62×54mm R彈由於帶有底緣且彈殼錐度較大，若使用彈匣給彈會容易卡彈，因此採用彈盤給彈。

口徑：7.62mm
彈藥：7.62×54mmR
裝彈數：47發彈盤
作動方式：全自動
全長：1270mm
槍管長：605mm
重量：9.12kg
射速：500～600發/分

DP-1928的準星。準星附有U字型護框。

拋殼口

槍機拉柄

〔機匣下方〕

〔DP-1928用彈盤〕
裝彈數原本為49發，但由於容易卡彈，後來改成47發裝。

《DT車載機槍》

戰車或裝甲車用的DP-1928車載改良型。為了在狹窄的車內使用，槍托改為伸縮式，扳機也加上手槍型握把。為了能將機槍取出車外進行戰鬥，備有可拆式準星與兩腳架。

伸縮式槍托。在車內會以收起狀態使用。

口徑：7.62mm
彈藥：7.62×54mmR。
裝彈數：60發彈盤
作動方式：全自動
全長：1180mm、1010mm（槍托摺疊時）
槍管長：697mm
重量：12.5kg
射速：600發/分

DT車載機槍也有配發一些步兵部隊。DT的彈盤雖然尺寸比較小，但裝彈數反而增為60發。

《DPM輕機槍》

DP-1928的改良型。修改復進簧與加裝手槍型握把，1943年開始生產。

DP-1928與DPM有推出用來裝預備彈盤的專用金屬盒。

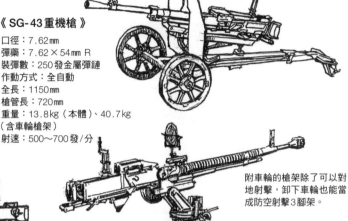

氣冷式重機槍

1943年由戈竹諾夫研製的氣冷式重機槍，制式採用以取代M1910重機槍。使用附車輪的M1943槍架。第二次世界大戰之後也有陸續改良，持續使用至今。

《SG-43重機槍》

口徑：7.62mm
彈藥：7.62×54mm R
裝彈數：250發金屬彈鏈
作動方式：全自動
全長：1150mm
槍管長：720mm
重量：13.8kg（本體）、40.7kg（含車輪槍架）
射速：500～700發/分

《DShK38重機槍》

改良自1930年研製的DK重機槍，於1938年採用。改良之際，由狄格帖諾夫與什帕金聯手重新設計。除了裝在附車輪的槍架供步兵部隊運用，也會充當戰車的防空機槍。

口徑：12.7mm
彈藥：12.7×108mm
裝彈數：50發彈鏈
作動方式：全自動
全長：1,625mm
槍管長：1,000mm
重量：34kg（本體）、157kg（含附車輪槍架）
射速：550～600發/分

附車輪的槍架除了可以對地射擊，卸下車輪也能當成防空射擊3腳架。

噴火器

《ROKS-2》

蘇軍於1935年採用的噴火器。為了不讓敵人發現這是噴火器，鋼瓶會以罩子套住，噴嘴則沿用莫辛-納干步槍的槍托，使其外觀與步槍類似。以改造自7.62×25mm托卡列夫彈的空包彈點火。

重量：約15kg（無燃料）
燃料：約9ℓ
有效噴火距離：25m
最大噴火距離：45m

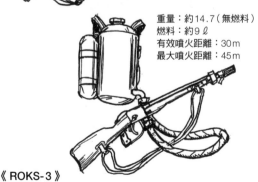

重量：約14.7（無燃料）
燃料：約9ℓ
有效噴火距離：30m
最大噴火距離：45m

《ROKS-3》

簡化ROKS-2製程的改良型。噴嘴改短，廢除燃料鋼瓶外罩。

手榴彈

《RG-33手榴彈》

人員殺傷用帶柄手榴彈。取代RG-1914/30於1933年開始生產。為了兼用於攻擊與防禦，彈體可加裝破片套。

重量：500g、750g（加裝破片套）
全長：190mm
直徑：45mm、54mm（加裝破片套）
炸藥：TNT 85g

《F1手榴彈》

以法軍的F1手榴彈為基礎，蘇聯從1941年開始製造的破片型手榴彈。有效殺傷半徑20～30m。

重量：600g
全長：117mm
直徑：55mm
炸藥：TNT 60g

《RPG43戰車防禦手榴彈》

重量：1.2kg
直徑：95mm
全長：300mm
炸藥：TNT 610g

1943年採用。為了破壞德軍中戰車、重戰車的裝甲，彈頭使用成形炸藥，最大可擊破75mm厚的裝甲板。

《RG-42手榴彈》

重量：420g
全長：130mm
直徑：55mm
炸藥：TNT 200g

RG-33的後繼型，1942年制式採用的攻擊型手榴彈。與F1同樣使用UZGRM引信。

《RG-1914/30（M1914/30）手榴彈》

重量：590g
全長：235mm
直徑：45mm
炸藥：TNT 320g

改良自第一次世界大戰使用的RG-14攻擊型手榴彈。炸藥從苦味酸改成TNT，備有防禦用破片套。

刺刀

蘇軍的主力步槍莫辛-納干使用M1891與M1891/30刺刀，且各自有改良型，但基本上皆為以套筒插在槍口上的錐刺型刺刀。

M1891/30刺刀

供莫辛-納干M1891/30步槍使用的刺刀，為M1891的改良型，於1930～1933年間製造。

全長：505mm
刀身長：432mm

M1891/30刺刀是以刺刀尾端的套筒插入槍口，往右旋轉90°固定於準星上。另有加裝固定銷，卸下時須壓下卡榫並按上刺刀的相反程序操作。

M1944刺刀

莫辛-納干M1944卡賓槍採用摺疊式刺刀，一般會往槍身右側摺疊收納。

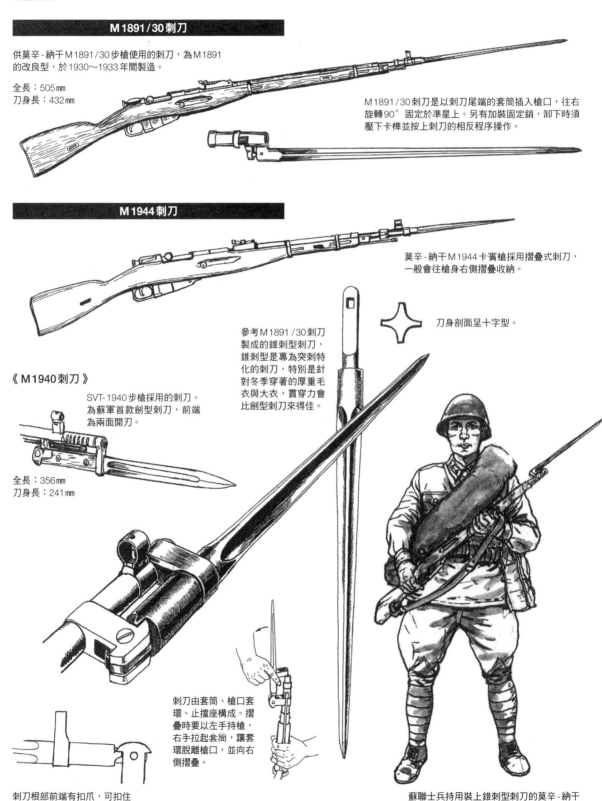

參考M1891/30刺刀製成的錐刺型刺刀，錐刺型是專為突刺特化的刺刀，特別是針對冬季穿著的厚重毛衣與大衣，貫穿力會比劍型刺刀來得佳。

刀身剖面呈十字型。

《M1940刺刀》

SVT-1940步槍採用的刺刀。為蘇軍首款劍型刺刀，前端為兩面開刃。

全長：356mm
刀身長：241mm

刺刀由套筒、槍口套環、止擋座構成。摺疊時要以左手持槍，右手拉起套筒，讓套環脫離槍口，並向右側摺疊。

刺刀根部前端有扣爪，可扣住止擋座固定於槍口。

蘇聯士兵持用裝上錐刺型刺刀的莫辛-納干M1938卡賓槍。

蘇軍的步兵部隊編成

德蘇戰於1941年6月爆發時，蘇軍的狙擊班（步兵班）與其他國家一樣，會分為步槍伍與輕機槍伍，由班長、輕機槍手、彈藥手加上8員步槍兵編成，總共11員。蘇軍於緒戰時遭受德軍攻擊損失慘重，遂於1942～1944年重新整編部隊。經過整編之後，於1942年底新編伴隨戰車行動的衝鋒槍連。此後，蘇軍的狙擊班會因補充兵不足或任務內容、年代、戰區差異等理由，1個班由7～11員編成運用。

蘇軍的狙擊班

《摩托化衝鋒槍營 1944年8月》

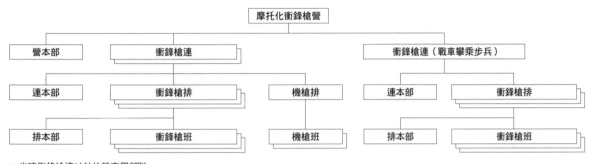

＊省略衝鋒槍連以外的營直屬部隊。

狙擊班的構成

圖為10員班制編成。使用武器為班長PPSh-41衝鋒槍、機槍手DP-1928輕機槍、步槍兵莫辛-納干 M1891/30等步槍。

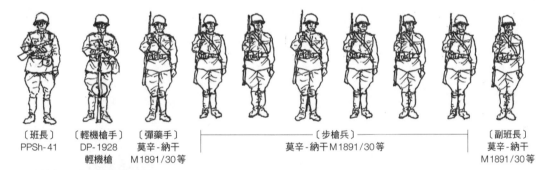

〔班長〕
PPSh-41

〔輕機槍手〕
DP-1928
輕機槍

〔彈藥手〕
莫辛-納干
M1891/30等

〔步槍兵〕
莫辛-納干M1891/30等

〔副班長〕
莫辛-納干
M1891/30等

《戰車攀乘步兵》

「戰車攀乘」是蘇軍使用戰車進行強攻，突破敵方前線後，讓攀乘戰車的隨伴步兵下車破壞敵方據點的戰術。隨伴步兵是1941年12月編成衝鋒槍連，每輛戰車會攀乘1個班（配賦PPSh-41衝鋒槍的衝鋒槍班），以對應下車戰鬥。

衝鋒槍班

衝鋒槍班由7～10員班員構成。使用武器有不同變化，有時全員配賦衝鋒槍，有時也會有一些隊員持用步槍。1943年以降，也會編成以衝鋒槍取代步槍的狙擊班。

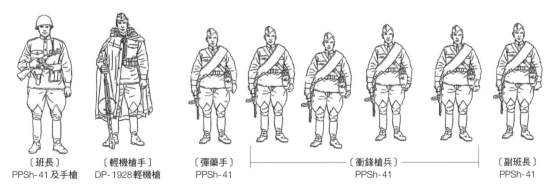

〔班長〕
PPSh-41及手槍

〔輕機槍手〕
DP-1928輕機槍

〔彈藥手〕
PPSh-41

〔衝鋒槍兵〕
PPSh-41

〔副班長〕
PPSh-41

法軍

第二次世界大戰爆發的1939年當時，
法軍配備的輕兵器大多都是第一次世界大戰後的改良型。
進入1930年代後，雖然也有採用新型兵器，
並且開始配賦，但在新舊兵器完成交接之前，
德軍便已入侵。

手槍

法國的軍用手槍在第一次世界大戰之後將主力由轉輪手槍轉換為自動手槍。雖然國內廠商有研製多款槍型，但適用於軍方的型號要到1930年代後半才獲得採用。

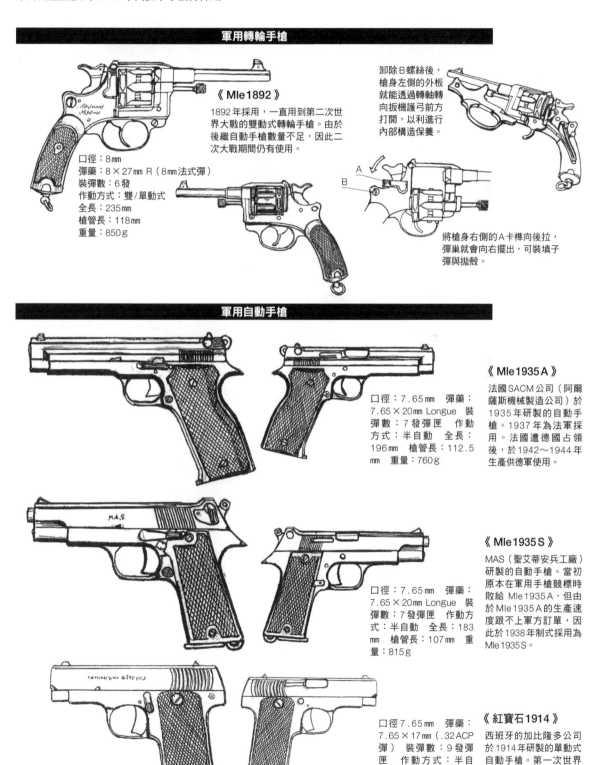

軍用轉輪手槍

《Mle 1892》

1892年採用，一直用到第二次世界大戰的雙動式轉輪手槍。由於後繼自動手槍數量不足，因此二次大戰期間仍有使用。

口徑：8mm
彈藥：8×27mm R（8mm法式彈）
裝彈數：6發
作動方式：雙/單動式
全長：235mm
槍管長：118mm
重量：850g

卸除B螺絲後，槍身左側的外板就能透過轉軸轉向扳機護弓前方打開，以利進行內部構造保養。

A
B

將槍身右側的A卡榫向後拉，彈巢就會向右擺出，可裝填子彈與拋殼。

軍用自動手槍

《Mle 1935 A》

法國SACM公司（阿爾薩斯機械製造公司）於1935年研製的自動手槍。1937年為法軍採用。法國遭德國占領後，於1942～1944年生產供德軍使用。

口徑：7.65mm 彈藥：7.65×20mm Longue 裝彈數：7發彈匣 作動方式：半自動 全長：196mm 槍管長：112.5mm 重量：760g

《Mle 1935 S》

MAS（聖艾蒂安兵工廠）研製的自動手槍。當初原本在軍用手槍競標時敗給 Mle 1935 A，但由於 Mle 1935 A 的生產速度跟不上軍方訂單，因此於1938年制式採用為 Mle 1935 S。

口徑：7.65mm 彈藥：7.65×20mm Longue 裝彈數：7發彈匣 作動方式：半自動 全長：183mm 槍管長：107mm 重量：815g

《紅寶石1914》

西班牙的加比隆多公司於1914年研製的單動式自動手槍。第一次世界大戰時，法國因為自製軍用手槍趕不上進度，因此向西班牙訂購、進口。

口徑7.65mm 彈藥：7.65×17mm（.32 ACP彈）裝彈數：9發彈匣 作動方式：半自動 全長：170mm 槍管長：80mm 重量：850g

步槍

法軍自採用 Mle 1886 及 Mle 1890 步槍以來，曾推出多款改良型，從第一次世界大戰一直用到第二次世界大戰。此外也有研製新型步槍，並於第二次世界大戰爆發前採用，但在完成配賦之前便已投降德國。

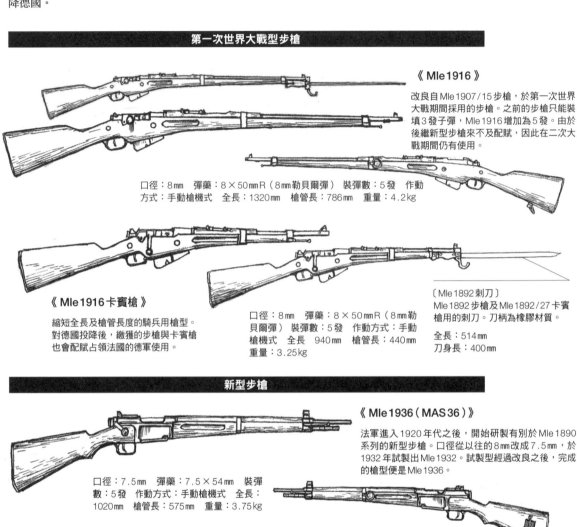

第一次世界大戰型步槍

《Mle 1916》

改良自 Mle 1907/15 步槍，於第一次世界大戰期間採用的步槍。之前的步槍只能裝填 3 發子彈，Mle 1916 增加為 5 發。由於後繼新型步槍來不及配賦，因此在二次大戰期間仍有使用。

口徑：8mm　彈藥：8×50mmR（8mm勒貝爾彈）　裝彈數：5發　作動方式：手動槍機式　全長：1320mm　槍管長：786mm　重量：4.2kg

《Mle 1916 卡賓槍》

縮短全長及槍管長度的騎兵用槍型。對德國投降後，繳獲的步槍與卡賓槍也會配賦占領法國的德軍使用。

口徑：8mm　彈藥：8×50mmR（8mm勒貝爾彈）　裝彈數：5發　作動方式：手動槍機式　全長　940mm　槍管長：440mm　重量：3.25kg

〔Mle 1892 刺刀〕
Mle 1892 步槍及 Mle 1892/27 卡賓槍用的刺刀。刀柄為橡膠材質。

全長：514mm
刀身長：400mm

新型步槍

《Mle 1936（MAS 36）》

法軍進入 1920 年代之後，開始研製有別於 Mle 1890 系列的新型步槍。口徑從以往的 8mm 改成 7.5mm，於 1932 年試製出 Mle 1932。試製型經過改良之後，完成的槍型便是 Mle 1936。

口徑：7.5mm　彈藥：7.5×54mm　裝彈數：5發　作動方式：手動槍機式　全長：1020mm　槍管長：575mm　重量：3.75kg

全長：432mm
刀身長：330mm

〔Mle 1936 刺刀〕
Mle 1936 的刺刀為錐刺型，一般會收在槍管下方的護木內。

衝鋒槍

法軍在第二次世界大戰之前制式採用的衝鋒槍，僅有 1938 年採用的 Mle 1938。

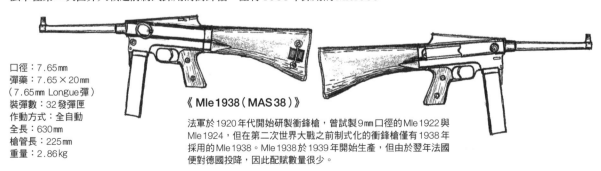

口徑：7.65mm
彈藥：7.65×20mm（7.65mm Longue 彈）
裝彈數：32發彈匣
作動方式：全自動
全長：630mm
槍管長：225mm
重量：2.86kg

《Mle 1938（MAS 38）》

法軍於 1920 年代開始研製衝鋒槍，曾試製 9mm 口徑的 Mle 1922 與 Mle 1924，但在第二次世界大戰之前制式化的衝鋒槍僅有 1938 年採用的 Mle 1938。Mle 1938 於 1939 年開始生產，但由於翌年法國便對德國投降，因此配賦數量少。

機槍

法軍採用過哈奇開斯公司與沙泰勒羅兵工廠研製的機槍，這些機槍除了配賦法軍之外，也有對外出口。

輕機槍

《沙泰勒羅Mle1924輕機槍》

為取代第一次世界大戰時評價甚差的紹沙Mle1915輕機槍，於1924年制式採用。作動方式為長行程活塞、開放式槍機。2組扳機分別為全自動（前）與半自動（後）射擊。1929年採用將子彈換成7.5×54mm的Mle1924/29。

口徑：7.5mm
彈藥：7.5×58mm（7.5mm法式彈）
裝彈數：25發彈匣
作動方式：半/全自動切換式
全長：1080mm
槍管長：500mm
重量：9.2kg
射速：450發/分

重機槍

《哈奇開斯Mle1914重機槍》

改良自日俄戰爭時日軍也有使用的Mle1900。雖然當時重機槍是以水冷式為主流，但哈奇開斯公司為了讓沙漠等難以補給冷卻水的地區也能使用，將其設計為氣冷式。此外，它的零件數量也很少，且為方便分解、結合，機匣不使用螺絲或插銷。由於可靠度頗高，因此法軍在第二次世界大戰也當成主力重機槍使用。

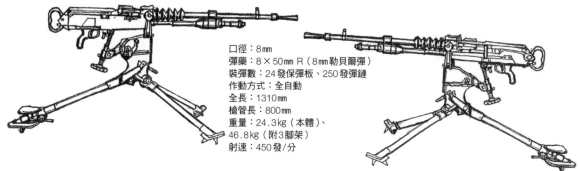

口徑：8mm
彈藥：8×50mm R（8mm勒貝爾彈）
裝彈數：24發保彈板、250發彈鏈
作動方式：全自動
全長：1310mm
槍管長：800mm
重量：24.3kg（本體）、
46.8kg（附3腳架）
射速：450發/分

《聖艾蒂安Mle1907重機槍》

曾於第一次世界大戰投入實戰，但由於戰場實用性過低，1917年7月以降被哈奇開斯Mle1914取代，陸續退出第一線。一次大戰期間至1920年代有外銷至羅馬尼亞與希臘等國。

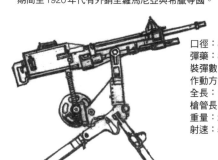

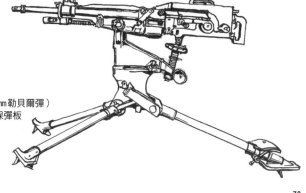

口徑：8mm
彈藥：8×50mm R（8mm勒貝爾彈）
裝彈數：20發、30發保彈板
作動方式：全自動
全長：1180mm
槍管長：710mm
重量：25.7kg
射速：500發/分

手榴彈

手榴彈是一種於第一次世界大戰期間開始使用，在短期間內便有長足發展的兵器。第二次世界大戰期間，法軍也於戰場投入多款手榴彈。其中F1等手榴彈經過改良之後，直到戰後仍持續使用。

投擲OF1手榴彈的法軍士兵，手榴彈會利用保險壓板掛在腰帶上攜行。

《F1手榴彈》

1915年採用的早期型是以導火線點火，1916年則參考史密斯手榴彈的雷管式設計，改用M1916引信。美軍的Mk.II便是以這型手榴彈為基礎研製而成。

全長：120mm
直徑：55mm
重量：600g
炸藥：TNT 60g

《OF1手榴彈》

彈體為金屬薄殼的攻擊型手榴彈。1914年採用，之後經過改良，於第二次世界大戰使用。

全長：123mm
直徑：60mm
重量：250g
炸藥：NTMX

《Mle1937手榴彈》

OF1的後繼型，於1937年採用的攻擊型手榴彈。

全長：100mm 直徑：55mm 重量：600g
炸藥：TNT 60g

其他武器

《P4噴火器》

第一次世界大戰開始使用的型號。以壓縮空氣噴出燃料。

重量：19kg
燃料：10ℓ

《Mle35 60mm迫擊砲》

1935年採用的迫擊砲。供連級單位運用，由5員編成1個班。美軍有授權生產此型迫擊砲，定型號為M2 60mm迫擊砲。德軍占領法國後，也以6cm榴彈發射器225(f)為型號加以採用。

口徑：60mm
砲管長：724mm
重量：19.7kg
射程：100～1,700m

刺刀

由於法軍新舊步槍混用，因此刺刀種類也很多。其中Mle1886刺刀屬於十字型剖面的錐刺型，在第二次世界大戰之前曾歷經數次改良。這些刺刀可用於Mle1886系列與Mle1907系列步槍。

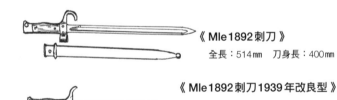

《Mle1892刺刀》

全長：514mm　刀身長：400mm

《Mle1892刺刀1939年改良型》

縮短護手彎鉤，握把改良成木製握把。

《Mle1886/35刺刀》

Mle1886刺刀的1935年改良型。

全長：447mm　刀身長：330mm

《Mle1886/93/16刺刀》

1916年的改良型。

全長：638mm　刀身長：520mm

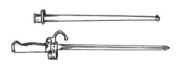

《Mle1936刺刀》

Mle1936刺刀為錐刺型，一般會收摺於槍管下方的護木內。

全長：432mm　刀身長：330mm

法軍的步兵部隊編成

第一次世界大戰時期，法國陸軍步兵部隊的最小單位為15員編成的半排。半排由輕機槍手、槍榴彈兵、步槍兵構成。諸外國也參考法軍這種編制，編組配賦輕機槍的班。第一次世界大戰過後，伴隨機槍等武器的發達，戰術也得配合進化。法軍在第二次世界大戰爆發前夕，也改成近代化的班制編成。

步槍班的編成　1940年5月

德國入侵法國時，法國陸軍的步槍班。依據任務配賦3種步槍。

輕機槍伍

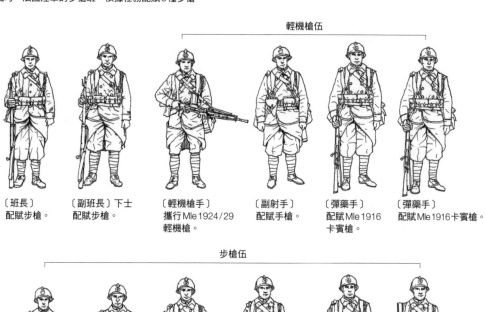

〔班長〕
配賦步槍。

〔副班長〕下士
配賦步槍。

〔輕機槍手〕
攜行 Mle 1924 / 29
輕機槍。

〔副射手〕
配賦手槍。

〔彈藥手〕
配賦 Mle 1916
卡賓槍。

〔彈藥手〕
配賦 Mle 1916卡賓槍。

步槍伍

〔步槍兵〕
配賦 Mle 1916 步槍。

〔步槍兵〕
配賦 Mle 1893 步槍
VB 槍榴彈發射器。

重機槍班

重機槍班配賦1挺哈奇開斯 Mle 1914 重機槍，由7員構成。除正副射手與彈藥手，還有編制機槍整備兵。班員全數配賦
Mle 1916卡賓槍。

〔班長〕中士

〔副班長〕下士
攜行2個150發彈
鏈盒。

〔機槍手〕
移動時負責搬運
機槍。

〔副射手〕
移動時負責搬運
三腳架。

〔彈藥手〕2名
各自攜行2個150發彈鏈盒。

〔整備兵〕
攜行預備零件
與槍管。

其他盟軍

除了英法蘇之外，歐洲各國軍隊使用的
輕兵器大多為舊型或進口兵器。
在開戰之前，雖然也有國家開始自製輕兵器，
但在新型輕兵器完成生產與配賦之前，
便開始與軸心國軍交戰。

波蘭軍

波蘭於1920年代開始於國內兵工廠生產包括授權版在內的各型輕兵器，
二次大戰爆發時，會以這些自製兵器與德軍交戰。

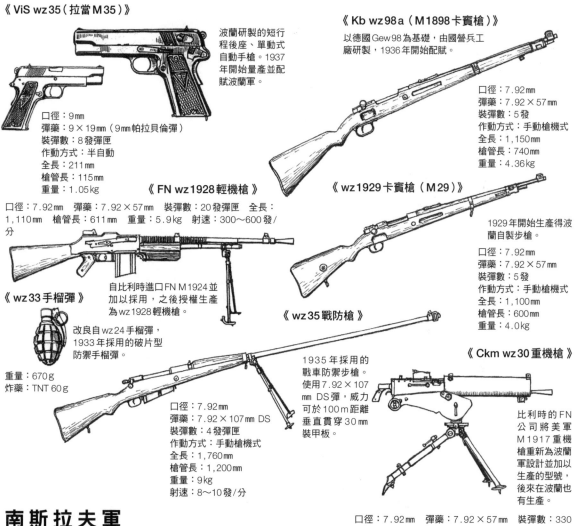

《ViS wz35（拉當M35）》

波蘭研製的短行程後座、單動式自動手槍。1937年開始量產並配賦波蘭軍。

口徑：9mm
彈藥：9×19mm（9mm帕拉貝倫彈）
裝彈數：8發彈匣
作動方式：半自動
全長：211mm
槍管長：115mm
重量：1.05kg

《Kb wz98a（M1898卡賓槍）》

以德國Gew98為基礎，由國營兵工廠研製，1936年開始配賦。

口徑：7.92mm
彈藥：7.92×57mm
裝彈數：5發
作動方式：手動槍機式
全長：1,150mm
槍管長：740mm
重量：4.36kg

《FN wz1928輕機槍》

口徑：7.92mm　彈藥：7.92×57mm　裝彈數：20發彈匣　全長：1,110mm　槍管長：611mm　重量：5.9kg　射速：300～600發/分

自比利時進口FN M1924並加以採用，之後授權生產為wz1928輕機槍。

《wz1929卡賓槍（M29）》

1929年開始生產得波蘭自製步槍。

口徑：7.92mm
彈藥：7.92×57mm
裝彈數：5發
作動方式：手動槍機式
全長：1,100mm
槍管長：600mm
重量：4.0kg

《wz33手榴彈》

改良自wz24手榴彈，1933年採用的破片型防禦手榴彈。

重量：670g
炸藥：TNT 60g

《wz35戰防槍》

1935年採用的戰車防禦步槍。使用7.92×107mm DS彈，威力可於100m距離垂直貫穿30mm裝甲板。

口徑：7.92mm
彈藥：7.92×107mm DS
裝彈數：4發彈匣
作動方式：手動槍機式
全長：1,760mm
槍管長：1,200mm
重量：9kg
射速：8～10發/分

《Ckm wz30重機槍》

比利時的FN公司將美軍M1917重機槍重新為波蘭軍設計並加以生產的型號，後來在波蘭也有生產。

口徑：7.92mm　彈藥：7.92×57mm　裝彈數：330發彈鏈　作動方式：全自動　全長：1,200mm　槍管長：720mm　重量：13.6kg（本體）、65kg（含槍架、冷卻水）　射速：600發/分

南斯拉夫軍

南斯拉夫在1920年代為了統一輕兵器使用的彈藥，自外國進口7.92mm口徑的步槍與輕機槍，有些也會在國內生產。

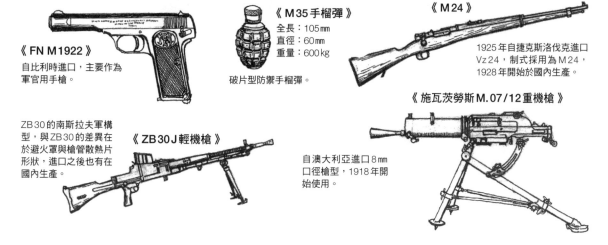

《FN M1922》

自比利時進口，主要作為軍官用手槍。

《M35手榴彈》

全長：105mm
直徑：60mm
重量：600kg

破片型防禦手榴彈。

《M24》

1925年自捷克斯洛伐克進口Vz24，制式採用為M24，1928年開始於國內生產。

《施瓦茨勞斯M.07/12重機槍》

自澳大利亞進口8mm口徑槍型，1918年開始使用。

《ZB30J輕機槍》

ZB30的南斯拉夫軍構型，與ZB30的差異在於避火罩與槍管散熱片形狀，進口之後也有在國內生產。

比利時軍

比利時自古以來就蓬勃發展火藥與槍械產業，19世紀末創立了國營的FN（埃斯塔勒國營工廠）。
包含其他槍廠在內，比利時生產得輕兵器除了供本國使用，也會外銷世界各國。

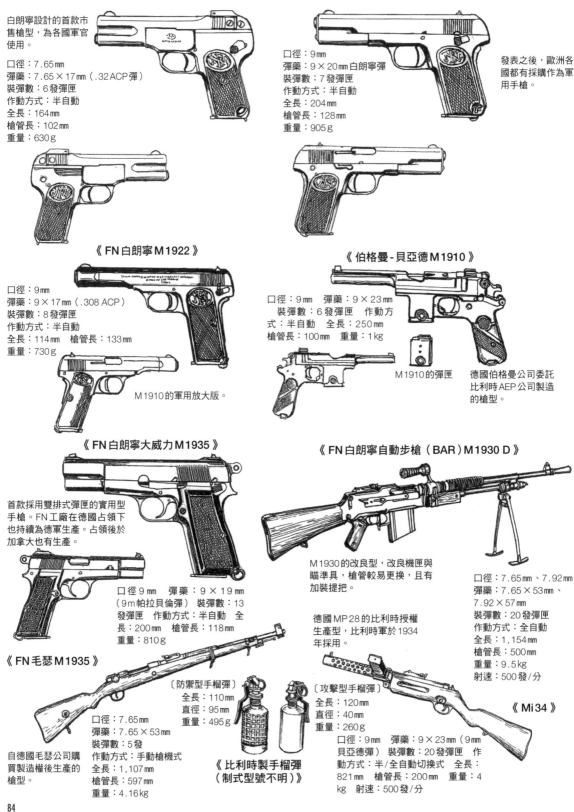

《FN白朗寧M1900》

白朗寧設計的首款市
售槍型，為各國軍官
使用。

口徑：7.65mm
彈藥：7.65×17mm（.32 ACP彈）
裝彈數：6發彈匣
作動方式：半自動
全長：164mm
槍管長：102mm
重量：630g

《FN白朗寧M1903》

口徑：9mm
彈藥：9×20mm白朗寧彈
裝彈數：7發彈匣
作動方式：半自動
全長：204mm
槍管長：128mm
重量：905g

發表之後，歐洲各
國都有採購作為軍
用手槍。

《FN白朗寧M1922》

口徑：9mm
彈藥：9×17mm（.308 ACP）
裝彈數：8發彈匣
作動方式：半自動
全長：114mm　槍管長：133mm
重量：730g

M1910的軍用放大版。

《伯格曼-貝亞德M1910》

口徑：9mm　彈藥：9×23mm
裝彈數：6發彈匣　作動方
式：半自動　全長：250mm
槍管長：100mm　重量：1kg

M1910的彈匣

德國伯格曼公司委託
比利時AEP公司製造
的槍型。

《FN白朗寧大威力M1935》

首款採用雙排式彈匣的實用型
手槍。FN工廠在德國占領下
也持續為德軍生產。占領後於
加拿大也有生產。

口徑9mm　彈藥：9×19mm
（9m帕拉貝倫彈）裝彈數：13
發彈匣　作動方式：半自動　全
長：200mm　槍管長：118mm
重量：810g

《FN白朗寧自動步槍（BAR）M1930 D》

M1930的改良型，改良機匣與
瞄準具，槍管較易更換，且有
加裝提把。

德國MP28的比利時授權
生產型，比利時軍於1934
年採用。

口徑：7.65mm、7.92mm
彈藥：7.65×53mm、
7.92×57mm
裝彈數：20發彈匣
作動方式：全自動
全長：1,154mm
槍管長：500mm
重量：9.5kg
射速：500發/分

《FN毛瑟M1935》

〔防禦型手榴彈〕
全長：110mm
直徑：95mm
重量：495g

〔攻擊型手榴彈〕
全長：120mm
直徑：40mm
重量：260g

口徑：7.65mm
彈藥：7.65×53mm
裝彈數：5發
作動方式：手動槍機式
全長：1,107mm
槍管長：597mm
重量：4.16kg

自德國毛瑟公司購
買製造權後生產的
槍型。

《比利時製手榴彈
（制式型號不明）》

《Mi34》

口徑：9mm　彈藥：9×23mm（9mm
貝亞德彈）裝彈數：20發彈匣　作
動方式：半/全自動切換式　全長：
821mm　槍管長：200mm　重量：4
kg　射速：500發/分

荷蘭軍

荷蘭軍雖然有在國內生產一些手槍，但機槍等都是仰賴進口。除了本國軍隊之外，
有些槍型則為殖民地軍採用。

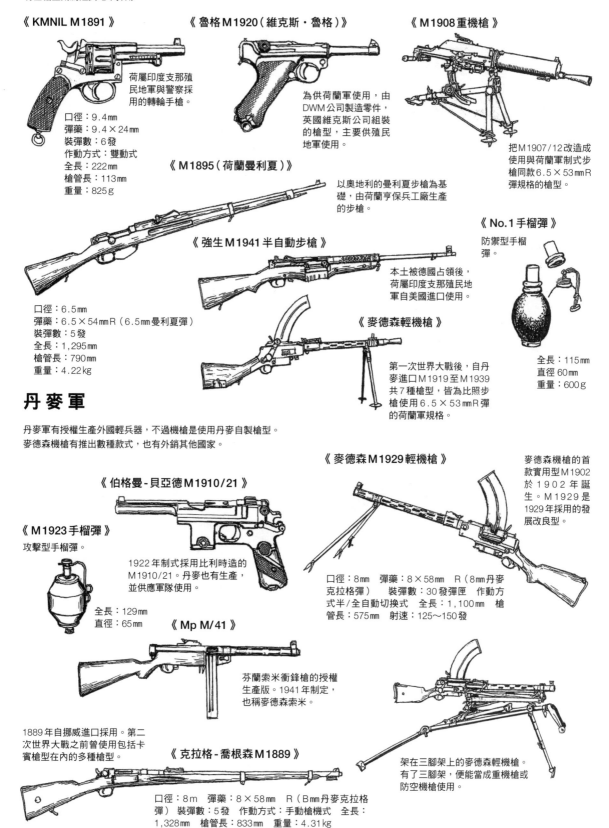

《 KMNIL M1891 》

荷屬印度支那殖
民地軍與警察採
用的轉輪手槍。

口徑：9.4mm
彈藥：9.4×24mm
裝彈數：6發
作動方式：雙動式
全長：222mm
槍管長：113mm
重量：825g

《 魯格 M1920（維克斯‧魯格）》

為供荷蘭軍使用，由
DWM公司製造零件，
英國維克斯公司組裝
的槍型，主要供殖民
地軍使用。

《 M1895（荷蘭曼利夏）》

以奧地利的曼利夏步槍為基
礎，由荷蘭亨利保兵工廠生產
的步槍。

《 M1908重機槍 》

把M1907/12改造成
使用與荷蘭軍制式步
槍同款6.5×53mmR
彈規格的槍型。

《 No.1手榴彈 》

防禦型手榴
彈。

全長：115mm
直徑：60mm
重量：600g

口徑：6.5mm
彈藥：6.5×54mmR（6.5mm曼利夏彈）
裝彈數：5發
全長：1,295mm
槍管長：790mm
重量：4.22kg

《 強生M1941半自動步槍 》

本土被德國占領後，
荷屬印度支那殖民地
軍自美國進口使用。

《 麥德森輕機槍 》

第一次世界大戰後，自丹
麥進口M1919至M1939
共7種槍型，皆為比照步
槍使用6.5×53mmR彈
的荷蘭軍規格。

丹麥軍

丹麥軍有授權生產外國輕兵器，不過機槍是使用丹麥自製槍型。
麥德森機槍有推出數種款式，也有外銷其他國家。

《 麥德森 M1929輕機槍 》

麥德森機槍的首
款實用型M1902
於1902年誕
生。M1929是
1929年採用的發
展改良型。

《 伯格曼-貝亞德M1910/21 》

《 M1923手榴彈 》

攻擊型手榴彈。

1922年制式採用比利時造的
M1910/21。丹麥也有生產，
並供應軍隊使用。

全長：129mm
直徑：65mm

口徑：8mm　彈藥：8×58mm　R（8mm丹麥
克拉格彈）　裝彈數：30發彈匣　作動方
式半/全自動切換式　全長：1,100mm　槍
管長：575mm　射速：125～150發

《 Mp M/41 》

芬蘭索米衝鋒槍的授權
生產版。1941年制定，
也稱麥德森索米。

1889年自挪威進口採用。第二
次世界大戰之前曾使用包括卡
賓槍型在內的多種槍型。

《 克拉格-喬根森 M1889 》

架在三腳架上的麥德森輕機槍。
有了三腳架，便能當成重機槍或
防空機槍使用。

口徑：8m　彈藥：8×58mm　R（Bmm丹麥克拉格
彈）　裝彈數：5發　作動方式：手動槍機式　全長：
1,328mm　槍管長：833mm　重量：4.31kg

挪威軍

挪威軍配備的輕兵器除了歐洲製品之外，也會從美國進口。除了外購，也會在國內進行授權生產。

《納干M1893》

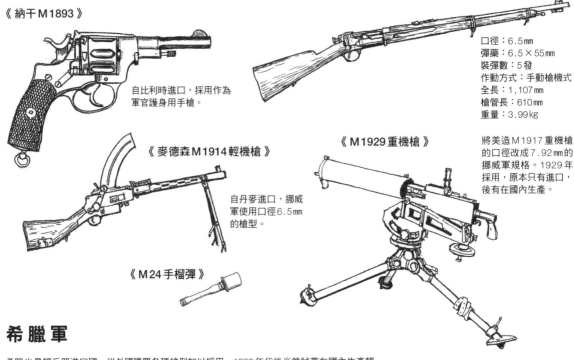

自比利時進口，採用作為軍官護身用手槍。

《M1912卡賓槍》

挪威軍在第一次世界大戰以前便有採用克拉格-喬根森步槍，有數種槍型，並加以自製。M1912卡賓槍也是其中之一一直用到第二次世界大戰。

口徑：6.5mm
彈藥：6.5×55mm
裝彈數：5發
作動方式：手動槍機式
全長：1,107mm
槍管長：610mm
重量：3.99kg

《麥德森M1914輕機槍》

自丹麥進口，挪威軍使用口徑6.5mm的槍型。

《M1929重機槍》

將美造M1917重機槍的口徑改成7.92mm的挪威軍規格。1929年採用，原本只有進口，後有在國內生產。

《M24手榴彈》

希臘軍

希臘也是輕兵器進口國，從外國購買各種槍型加以採用。1930年代後半曾試著在國內生產輕兵器，但因第二次世界大戰爆發與德國入侵，迫使計畫中止。

《伯格曼-貝亞德M1903》

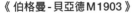

自比利時進口，採用作為希臘陸軍的制式手槍。

口徑：6.5mm
彈藥：6.5×54mm曼利夏彈
裝彈數：5發
全長：1,245mm
槍管長：725mm
重量：3.78kg

《FN白朗寧大威力M1935》

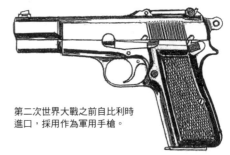

第二次世界大戰之前自比利時進口，採用作為軍用手槍。

《M1903》

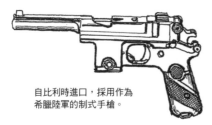

希臘軍於1903年採用加裝奧圖·施耐瓦設計的旋轉式彈倉的曼利夏步槍M1900，稱其為M1903。

《聖艾蒂安M1907重機槍》

第一次世界大戰後自法國進口並制式採用。

口徑：8mm
彈藥：8×50mm R
裝彈數：24發、32發保彈板
作動方式：全自動
全長：1,180mm
槍管長：710mm
重量：25.73kg
射速：500發

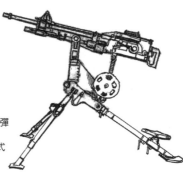

《毛瑟M1918戰防槍》

自德國進口使用。

口徑：13mm
槍管長：980mm
彈藥：13×92mmTuF彈
裝彈數：1發
作動方式：手動槍機式
全長：1,680mm
重量：18.5kg

中國軍

從19世紀的清朝末年至第二次世界大戰，中國都是歐美兵器生產國的一大市場，有多種新舊輕兵器外銷至中國。中國除了進口之外，也在1930年代之前開始在國內生產手槍、步槍、機槍等，與外購輕兵器一起使用。

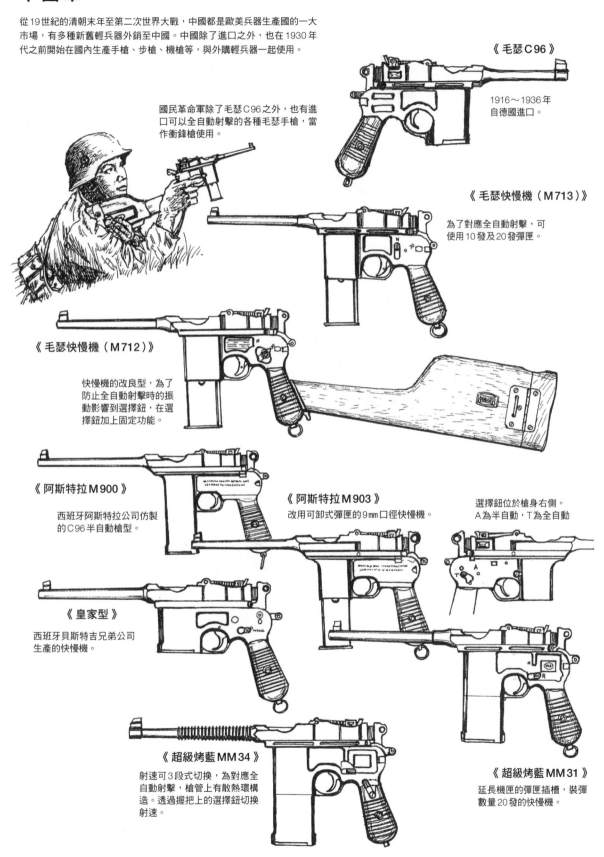

國民革命軍除了毛瑟C96之外，也有進口可以全自動射擊的各種毛瑟手槍，當作衝鋒槍使用。

《毛瑟C96》

1916～1936年自德國進口。

《毛瑟快慢機（M713）》

為了對應全自動射擊，可使用10發及20發彈匣。

《毛瑟快慢機（M712）》

快慢機的改良型，為了防止全自動射擊時的振動影響到選擇鈕，在選擇鈕加上固定功能。

《阿斯特拉M900》

西班牙阿斯特拉公司仿製的C96半自動槍型。

《阿斯特拉M903》

改用可卸式彈匣的9mm口徑快慢機。

選擇鈕位於槍身右側。A為半自動，T為全自動

《皇家型》

西班牙貝斯特吉兄弟公司生產的快慢機。

《超級烤藍MM34》

射速可3段式切換，為對應全自動射擊，槍管上有散熱環構造。透過握把上的選擇鈕切換射速。

《超級烤藍MM31》

延長機匣的彈匣插槽，裝彈數量20發的快慢機。

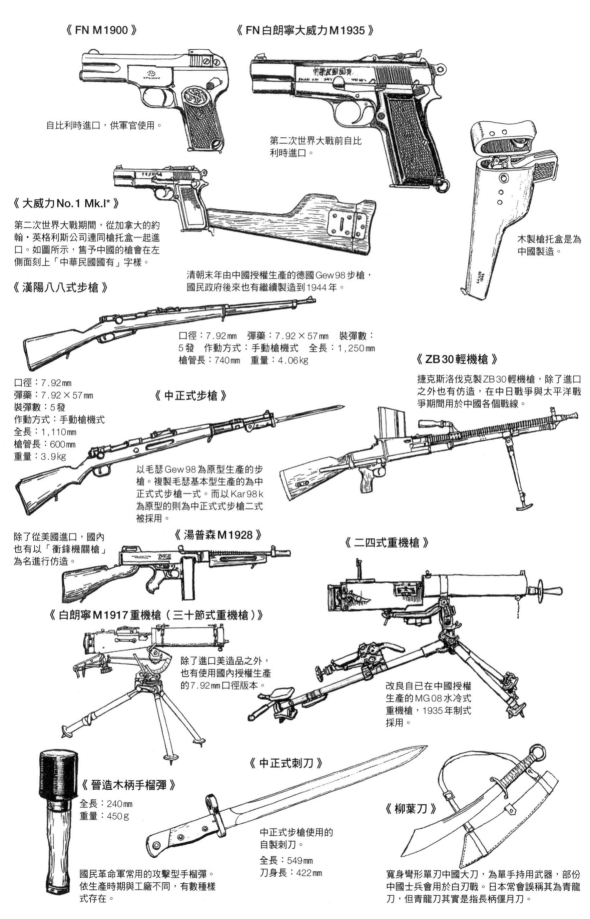

《 FN M1900 》

自比利時進口，供軍官使用。

《 FN白朗寧大威力M1935 》

第二次世界大戰前自比利時進口。

《 大威力No.1 Mk.I* 》

第二次世界大戰期間，從加拿大的約翰·英格利斯公司連同槍托盒一起進口。如圖所示，售予中國的槍會在左側面刻上「中華民國國有」字樣。

木製槍托盒是為中國製造。

《 漢陽八八式步槍 》

清朝末年由中國授權生產的德國Gew98步槍，國民政府後來也有繼續製造到1944年。

口徑：7.92mm　彈藥：7.92×57mm　裝彈數：5發　作動方式：手動槍機式　全長：1,250mm　槍管長：740mm　重量：4.06kg

口徑：7.92mm
彈藥：7.92×57mm
裝彈數：5發
作動方式：手動槍機式
全長：1,110mm
槍管長：600mm
重量：3.9kg

《 中正式步槍 》

以毛瑟Gew98為原型生產的步槍。複製毛瑟基本型生產的為中正式式步槍一式。而以Kar98k為原型的則為中正式式步槍二式被採用。

《 ZB30輕機槍 》

捷克斯洛伐克製ZB30輕機槍，除了進口之外也有仿造，在中日戰爭與太平洋戰爭期間用於中國各個戰線。

《 湯普森M1928 》

除了從美國進口，國內也有以「衝鋒機關槍」為名進行仿造。

《 二四式重機槍 》

《 白朗寧M1917重機槍（三十節式重機槍）》

除了進口美造品之外，也有使用國內授權生產的7.92mm口徑版本。

改良自已在中國授權生產的MG08水冷式重機槍，1935年制式採用。

《 晉造木柄手榴彈 》

全長：240mm
重量：450g

國民革命軍常用的攻擊型手榴彈。依生產時期與工廠不同，有數種樣式存在。

《 中正式刺刀 》

中正式步槍使用的自製刺刀。

全長：549mm
刀身長：422mm

《 柳葉刀 》

寬身彎形單刃中國大刀，為單手持用武器，部份中國士兵會用於白刃戰。日本常會誤稱其為青龍刀，但青龍刀其實是指長柄偃月刀。

德軍

第一次世界大戰戰敗的德國，依凡爾賽條約規定，不僅保有軍隊受到限制，就連發展兵器也處處受限。然而，德軍及兵器廠商在這種狀況之下，仍意圖為將來做準備，暗地與國外廠商合作，持續研製新兵器。1936年德國宣布重整軍備之後，一直到第二次世界大戰時期，包括通用機槍、突擊槍等多款新世代武器便陸續投入實用。

手槍

德國有DWM、毛瑟、華瑟等多家槍廠會製造手槍。1930年代曾推出多款優秀的自動手槍，軍隊也會採用。

魯格手槍

《魯格P08》

P08採用特殊的肘節式閉鎖機構，1908年由德意志帝國採用作為軍用自動手槍。從第一次世界大戰到二次世界大戰結束皆為德軍得制式手槍。

口徑：9mm
彈藥：9×19mm（9mm帕拉貝倫彈）
裝彈數：8發彈匣、32發彈鼓
作動方式：半自動
全長：220mm
槍管長：102mm
重量：870g

即便是在後繼的華瑟P38獲得採用之後，魯格P08依舊持續用於第一線。

《魯格P08/14》

使用200mm（8吋）長槍管與切線式表尺瞄準具，稱為「砲兵型（加長型）」。可以加裝木製槍托，當成卡賓槍使用。

《魯格P08/14用彈鼓》

為P08/14研製的彈鼓。後來也有用於MP18。

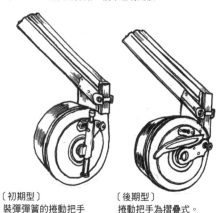

〔初期型〕
裝彈彈簧的捲動把手是拉出式。

〔後期型〕
捲動把手為摺疊式。

《裝彈器》

彈鼓用裝彈器。由於彈鼓內有強力彈簧，因此裝入子彈必須使用裝彈器。

將子彈依序放入裝彈器的開口，並壓下把手裝入彈鼓。

《附屬工具》

P08的附屬工具，兼具裝彈器與螺絲起子功能。裝在槍套蓋子內側的口袋裡。

當成裝彈器使用時，要將工具孔洞卡入彈匣的卡榫，往下壓便能輔助裝彈。

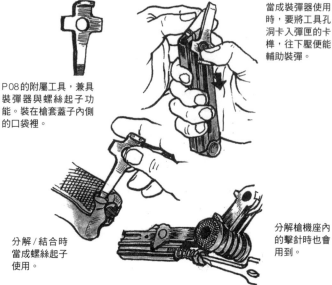

分解/結合時當成螺絲起子使用。

分解槍機座內的擊針時也會用到。

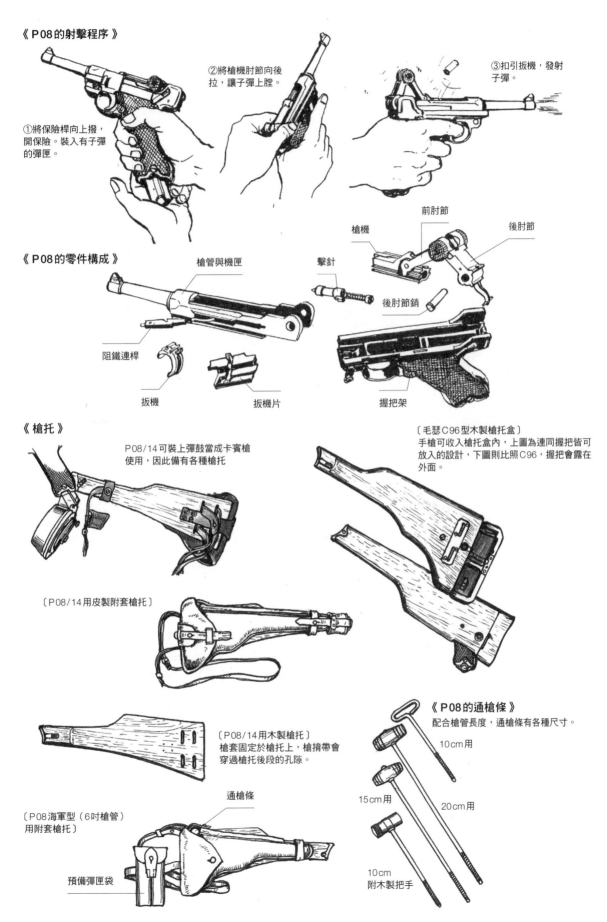

《P08的射擊程序》

①將保險桿向上撥，開保險。裝入有子彈的彈匣。

②將槍機肘節向後拉，讓子彈上膛。

③扣引扳機，發射子彈。

《P08的零件構成》

槍管與機匣

擊針

後肘節銷

前肘節

後肘節

槍機

阻鐵連桿

扳機

扳機片

握把架

《槍托》

P08/14可裝上彈鼓當成卡賓槍使用，因此備有各種槍托

〔毛瑟C96型木製槍托盒〕
手槍可收入槍托盒內，上圖為連同握把皆可放入的設計，下圖則比照C96，握把會露在外面。

〔P08/14用皮製附套槍托〕

〔P08/14用木製槍托〕
槍套固定於槍托上，槍揹帶會穿過槍托後段的孔隙。

《P08的通槍條》
配合槍管長度，通槍條有各種尺寸。

10cm用

15cm用

20cm用

10cm
附木製把手

通槍條

〔P08海軍型（6吋槍管）用附套槍托〕

預備彈匣袋

華瑟 P38

華瑟P38是赫赫有名的首款雙動式大型軍用手槍，它以閉鎖式槍膛與短行程後座機構帶來優異命中精準度，且具備自動擊針止擋保險，提高攜行安全性，投入許多新設計，是款劃時代手槍。

口徑：9mm
彈藥：9×19mm（9mm帕拉貝倫彈）
裝彈數：8發彈匣
作動方式：半自動
全長：216mm
槍管長：125mm
重量：945g

魯格P38是1938年制定的P08後繼型手槍，第二次世界大戰結束前總共生產約120萬把。

其他德造手槍

《 華瑟 PP 》
口徑：7.65mm
彈藥：7.65mm×17（.32ACP彈）
裝彈數：8發彈匣
作動方式：半自動
全長：173mm
槍管長：99mm
重量：680g

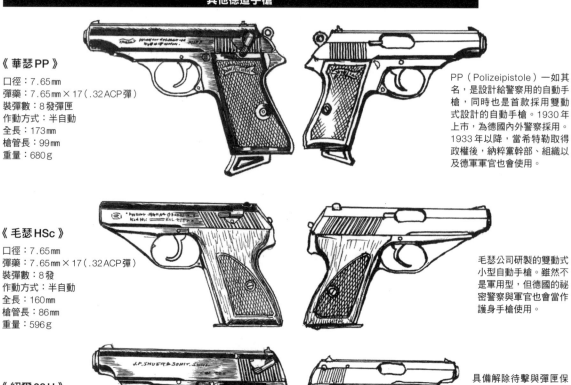

PP（Polizeipistole）一如其名，是設計給警察用的自動手槍，同時也是首款採用雙動式設計的自動手槍。1930年上市，為德國內外警察採用。1933年以降，當希特勒取得政權後，納粹黨幹部、組織以及德軍軍官也會使用。

《 毛瑟 HSc 》
口徑：7.65mm
彈藥：7.65mm×17（.32ACP彈）
裝彈數：8發
作動方式：半自動
全長：160mm
槍管長：86mm
重量：596g

毛瑟公司研製的雙動式小型自動手槍。雖然不是軍用型，但德國的祕密警察與軍官也會當作護身手槍使用。

《 紹爾 38H 》
口徑：7.65mm
彈藥：7.65mm×17（.32ACP彈）
裝彈數：8發彈匣
作動方式：半自動
全長：171mm
槍管長：83mm
重量：705g

具備解除待擊與彈匣保險功能的優異小型自動手槍。德國陸軍與空軍有採用。

《華瑟M4》

口徑：7.65mm
彈藥：7.65mm×17
（.32 ACP彈）
裝彈數：7發彈匣
作動方式：半自動
全長：150mm
槍管長：88mm
重量：527g

華瑟公司於1910年發售的自動手槍。第一次世界大戰採用為德軍軍官用手槍。也有外銷日本，作為軍官私人用。

《毛瑟M1934》

口徑：7.65mm
彈藥：7.65mm×17
（.32 ACP彈）
裝彈數：8發彈匣
作動方式：半自動
全長：165mm
槍管長：88mm
重量：815g

毛瑟M1910的改良發展型，1934年上市。第二次世界大戰採用作為德國陸海空軍的軍官用手槍。

《華瑟PPK》

口徑：7.65mm
彈藥：7.65mm×17
（.32 ACP彈）
裝彈數：7發彈匣
作動方式：半自動
全長：155mm
槍管長：83mm
重量：635g

縮短華瑟PP的槍管、滑套、握把架的縮小改良型。採用作為軍官手槍。

德軍使用的外國製手槍

德軍在第二次世界大戰時期為彌補手槍數量不足，除了會從盟國採購手槍，也將戰場繳獲的敵國手槍配發給德軍，還會以占領地接收的工廠生產手槍。

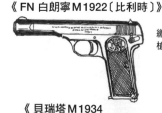

《FN 白朗寧M1922〔比利時〕》

繳獲及占領後生產的槍型稱為WaA613。

《FN 白朗寧大威力M1935〔比利時〕》

占領後於比利時生產，以P640（b）為型號採用。

《貝瑞塔M1934〔義大利〕》

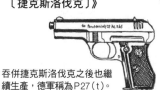

《拉當VIS wz1935〔波蘭〕》

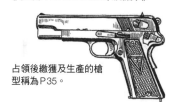

占領後繳獲及生產的槍型稱為P35。

《FÉG 37M〔匈牙利〕》

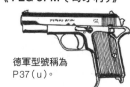

德軍型號稱為P37（u）。

《Vz1927〔捷克斯洛伐克〕》

吞併捷克斯洛伐克之後也繼續生產，德軍稱為P27（t）。

自義大利進口使用。德軍型號為P671（i）。

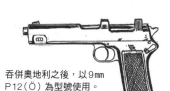

吞併奧地利之後，以9mm P12（Ö）為型號使用。

《斯泰爾M1912〔奧地利〕》

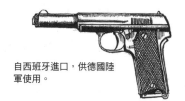

自西班牙進口，供德國陸軍使用。

《阿斯特拉M1921〔西班牙〕》

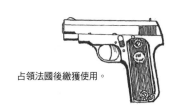

占領法國後繳獲使用。

《獨特型M1917〔法國〕》

毛瑟C96與衍生型

《毛瑟C96（M1898）》

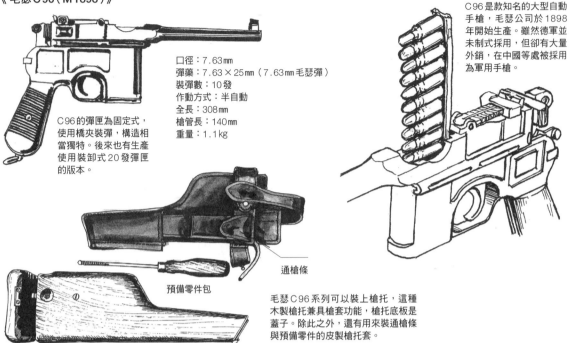

C96的彈匣為固定式，使用橋夾裝彈，構造相當獨特。後來也有生產使用裝卸式20發彈匣的版本。

口徑：7.63mm
彈藥：7.63×25mm（7.63mm毛瑟彈）
裝彈數：10發
作動方式：半自動
全長：308mm
槍管長：140mm
重量：1.1kg

C96是款知名的大型自動手槍，毛瑟公司於1898年開始生產。雖然德軍並未制式採用，但卻有大量外銷，在中國等處被採用為軍用手槍。

通槍條

預備零件包

毛瑟C96系列可以裝上槍托，這種木製槍托兼具槍套功能，槍托底板是蓋子。除此之外，還有用來裝通槍條與預備零件的皮製槍托套。

〔裝入C96的槍托盒裝在槍托套上的狀態〕
槍托套背面有兩個腰帶環，可穿過腰帶攜行。

《毛瑟M1932（M712）》

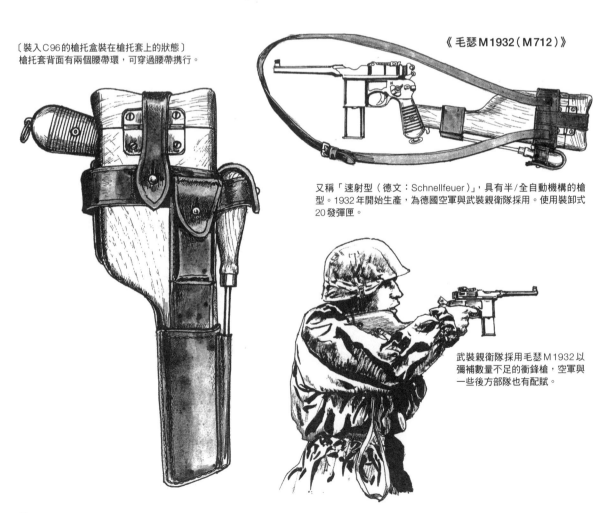

又稱「速射型（德文：Schnellfeuer）」，具有半/全自動機構的槍型。1932年開始生產，為德國空軍與武裝親衛隊採用。使用裝卸式20發彈匣。

武裝親衛隊採用毛瑟M1932以彌補數量不足的衝鋒槍，空軍與一些後方部隊也有配賦。

信號槍

《 信號槍 1 》

口徑：27mm
全長：350mm
重量：1.32kg

第一次世界大戰時期德國與奧地利軍使用的型號。

《 華瑟27mm信號槍 》

口徑：26.6mm
全長：245mm
重量：1.33kg（鋼製）、730g（鋁合金）

1928年採用的中折單發式槍型。第二次世界大戰時期使用最多。依據製造時期，材質有鋼鐵、鋁合金、鋅合金等版本。

《 SL信號槍 》

口徑：26.6mm
全長：340mm
重量1.81kg

海軍使用的型號。有木製前護木。

《 SLD信號槍 》

此型也是海軍用槍。槍管為水平雙管，機匣上方有撥桿可切換單發/2發齊射。

《 FL信號槍 》

空軍用的水平雙管中折式。使用硬鋁材質以減輕重量。

口徑：26.6mm
全長：280mm
重量：1.21kg

信號槍單射擊1發就能對廣範圍友軍傳遞信號，在野戰很常使用。

《 LP-42信號槍 》

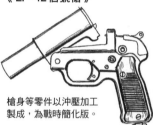

槍身等零件以沖壓加工製成，為戰時簡化版。

口徑：26.6mm
全長：220mm
重量：1.22kg

《 LP-37信號槍 》

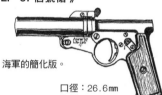

海軍的簡化版。

口徑：26.6mm
全長：214mm
重量：2.35kg

華瑟信號槍為中折單動式設計，操作相當簡便。

戰鬥/突擊手槍

《 戰鬥手槍 》

將華瑟信號槍的槍管刻上腔線的榴彈發射器。外觀與信號槍無異。

〔HE榴彈〕
這款榴彈與信號彈同為後裝式。

〔361型槍榴彈〕
於M39手榴彈加裝發射套筒的型號。前裝式。

突擊手槍使用的彈藥除了圖中畫的之外，還有反戰車、物資用榴彈。當然，它仍能發射一般信號彈與照明彈。

《 突擊手槍 》

可用於戰車防禦的兵器，於戰鬥手槍加裝摺疊式槍托與瞄準具。

〔42型戰防榴彈〕

步槍

第二次世界大戰前夕，德軍制式採用一次大戰毛瑟Gew98的改良型Kar98k，配賦全軍使用。第二次世界大戰時期，雖然用來取代Kar98k的自動步槍與新型突擊槍陸續推出，但就數量而言，Kar98k始終是德軍的主力步槍。

毛瑟Kar98k步槍

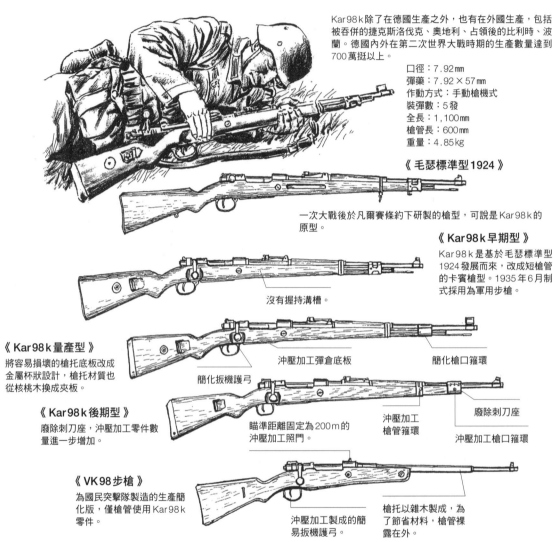

Kar98k除了在德國生產之外，也有在外國生產，包括被吞併的捷克斯洛伐克、奧地利、占領後的比利時、波蘭。德國內外在第二次世界大戰時期的生產數量達到700萬挺以上。

口徑：7.92mm
彈藥：7.92×57mm
作動方式：手動槍機式
裝彈數：5發
全長：1,100mm
槍管長：600mm
重量：4.85kg

《毛瑟標準型1924》
一次大戰後於凡爾賽條約下研製的槍型，可說是Kar98k的原型。

《Kar98k早期型》
Kar98k是基於毛瑟標準型1924發展而來，改成短槍管的卡賓槍型。1935年6月制式採用為軍用步槍。

沒有握持溝槽。

《Kar98k量產型》
將容易損壞的槍托底板改成金屬杯狀設計，槍托材質也從核桃木換成夾板。

沖壓加工彈倉底板

簡化槍口箍環

簡化扳機護弓

《Kar98k後期型》
廢除刺刀座，沖壓加工零件數量進一步增加。

瞄準距離固定為200m的沖壓加工照門。

沖壓加工槍管箍環

廢除刺刀座

沖壓加工槍口箍環

《VK98步槍》
為國民突擊隊製造的生產簡化版，僅槍管使用Kar98k零件。

沖壓加工製成的簡易扳機護弓。

槍托以雜木製成，為了節省材料，槍管裸露在外。

傘兵部隊用試製型

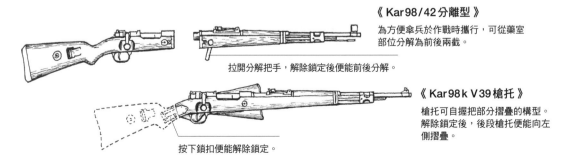

《Kar98/42分離型》
為方便傘兵於作戰時攜行，可從藥室部位分解為前後兩截。

拉開分解把手，解除鎖定後便能前後分解。

《Kar98k V39槍托》
槍托可自握把部分摺疊的構型。解除鎖定後，後段槍托便能向左側摺疊。

按下鎖扣便能解除鎖定。

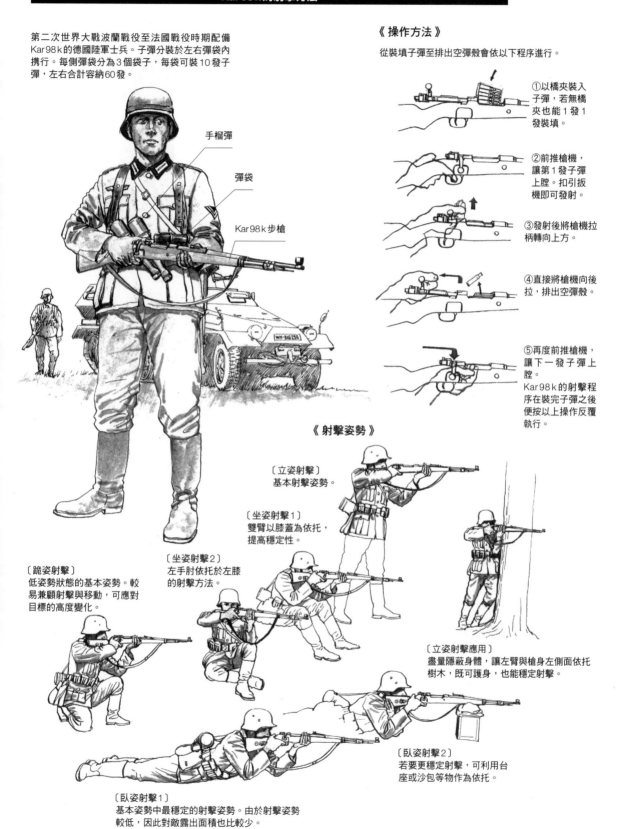

第二次世界大戰波蘭戰役至法國戰役時期配備 Kar98k的德國陸軍士兵。子彈分裝於左右彈袋內携行。每側彈袋分為3個袋子，每袋可裝10發子彈，左右合計容納60發。

手榴彈

彈袋

Kar98k步槍

《操作方法》

從裝填子彈至排出空彈殼會依以下程序進行。

①以橋夾裝入子彈，若無橋夾也能1發1發裝填。

②前推槍機，讓第1發子彈上膛。扣引扳機即可發射。

③發射後將槍機拉柄轉向上方。

④直接將槍機向後拉，排出空彈殼。

⑤再度前推槍機，讓下一發子彈上膛。
Kar98k的射擊程序在裝完子彈之後便按以上操作反覆執行。

《射擊姿勢》

〔立姿射擊〕
基本射擊姿勢。

〔坐姿射擊1〕
雙臂以膝蓋為依托，提高穩定性。

〔坐姿射擊2〕
左手肘依托於左膝的射擊方法。

〔跪姿射擊〕
低姿勢狀態的基本姿勢。較易兼顧射擊與移動，可應對目標的高度變化。

〔立姿射擊應用〕
盡量隱蔽身體，讓左臂與槍身左側面依托樹木，既可護身，也能穩定射擊。

〔臥姿射擊2〕
若要更穩定射擊，可利用台座或沙包等物作為依托。

〔臥姿射擊1〕
基本姿勢中最穩定的射擊姿勢。由於射擊姿勢較低，因此對敵露出面積也比較少。

《SG 84／98 Ⅲ 刺刀》

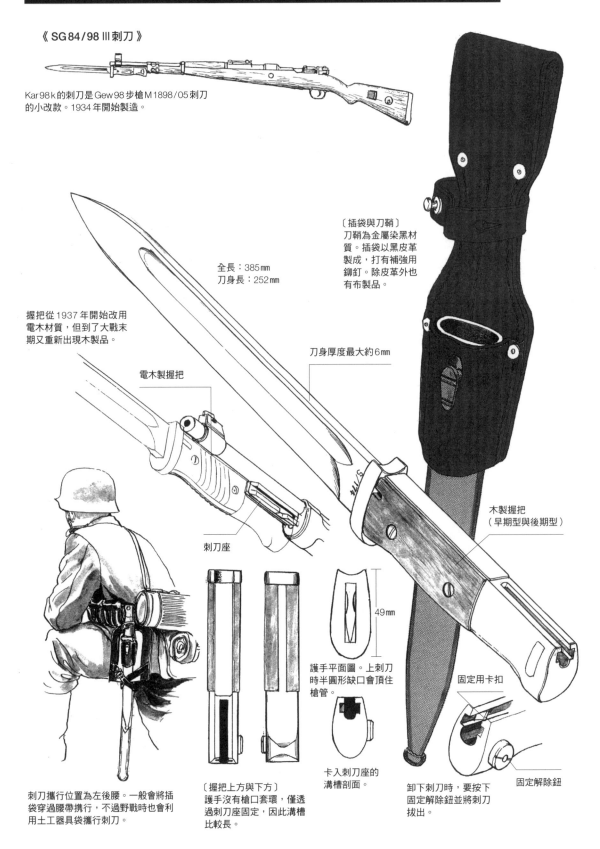

Kar 98k 的刺刀是 Gew 98 步槍 M 1898／05 刺刀的小改款。1934 年開始製造。

〔插袋與刀鞘〕
刀鞘為金屬染黑材質。插袋以黑皮革製成，打有補強用鉚釘。除皮革外也有布製品。

全長：385mm
刀身長：252mm

握把從 1937 年開始改用電木材質，但到了大戰末期又重新出現木製品。

刀身厚度最大約 6mm

電木製握把

刺刀座

木製握把
（早期型與後期型）

49mm

護手平面圖。上刺刀時半圓形缺口會頂住槍管。

卡入刺刀座的溝槽剖面。

固定用卡扣

固定解除鈕

卸下刺刀時，要按下固定解除鈕並將刺刀拔出。

刺刀攜行位置為左後腰。一般會將插袋穿過腰帶攜行，不過野戰時也會利用土工器具袋攜行刺刀。

〔握把上方與下方〕
護手沒有槍口套環，僅透過刺刀座固定，因此溝槽比較長。

《34年式保養工具》

1934年採用的輕兵器用保養工具，德文稱為「Reinigungsgerät 34（Rg34）」。收納盒裡裝有清潔保養用的工具組。除了步槍隻外，手槍、衝鋒槍、機槍也能使用。

收納盒是薄馬口鐵材質。士兵會將其裝在雜物袋裡。

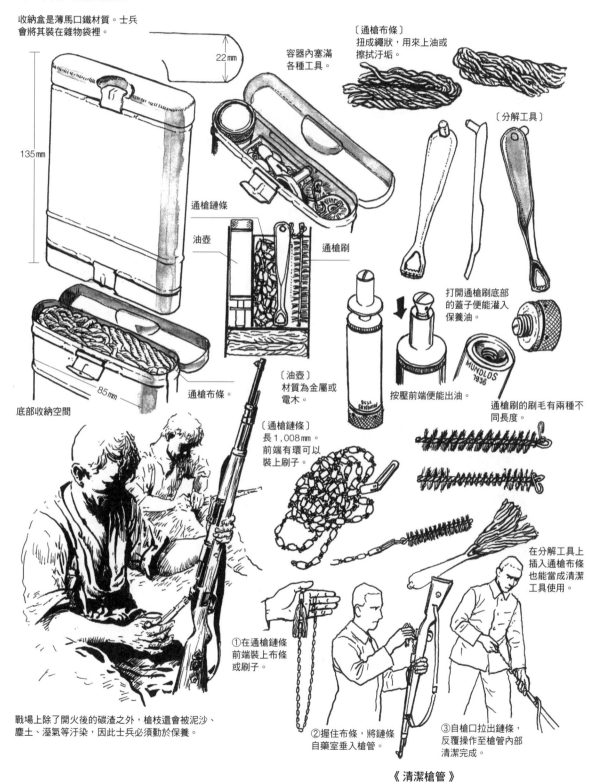

22mm

135mm

容器內塞滿各種工具。

〔通槍布條〕
扭成繩狀，用來上油或擦拭汙垢。

〔分解工具〕

通槍鏈條

油壺

通槍刷

85mm

底部收納空間

通槍布條。

打開通槍刷底部的蓋子便能灌入保養油。

按壓前端便能出油。

通槍刷的刷毛有兩種不同長度。

〔油壺〕
材質為金屬或電木。

〔通槍鏈條〕
長1,008mm。
前端有環可以裝上刷子。

在分解工具上插入通槍布條也能當成清潔工具使用。

戰場上除了開火後的碳渣之外，槍枝還會被泥沙、塵土、溼氣等汙染，因此士兵必須勤於保養。

①在通槍鏈條前端裝上布條或刷子。

②握住布條，將鏈條自藥室垂入槍管。

③自槍口拉出鏈條，反覆操作至槍管內部清潔完成。

《清潔槍管》

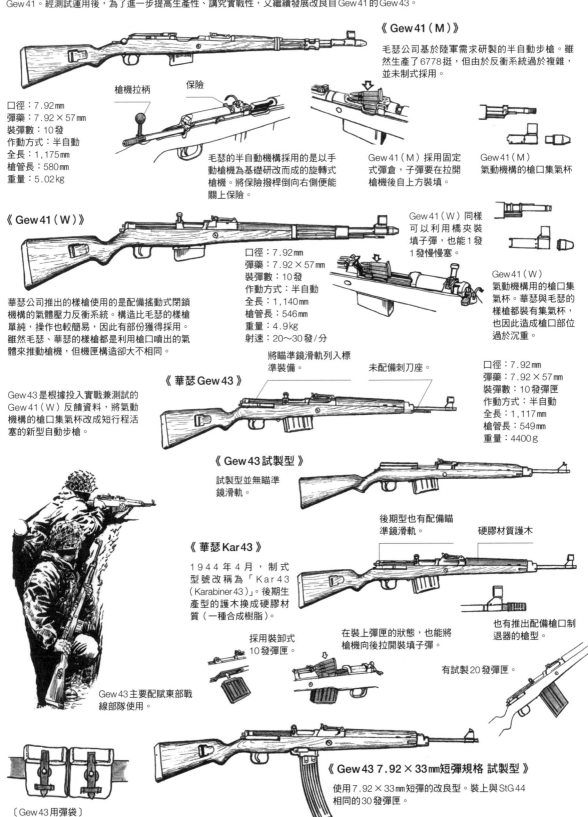

半自動步槍

德軍的半自動步槍研製工作起步比美國或蘇聯要晚，直到1940年才正式展開研製。應運而生的便是毛瑟與華瑟推出的Gew 41。經測試運用後，為了進一步提高生產性、講究實戰性，又繼續發展改良自Gew 41的Gew 43。

《Gew 41（M）》

毛瑟公司基於陸軍需求研製的半自動步槍。雖然生產了6778挺，但由於反衝系統過於複雜，並未制式採用。

槍機拉柄　保險

口徑：7.92mm
彈藥：7.92×57mm
裝彈數：10發
作動方式：半自動
全長：1,175mm
槍管長：580mm
重量：5.02kg

毛瑟的半自動機構採用的是以手動槍機為基礎研改而成的旋轉式槍機。將保險撥桿倒向右側便能關上保險。

Gew 41（M）採用固定式彈倉，子彈要在拉開槍機後自上方裝填。

Gew 41（M）
氣動機構的槍口集氣杯

《Gew 41（W）》

華瑟公司推出的樣槍使用的是配備搖動式閉鎖機構的氣體壓力反衝系統。構造比毛瑟的樣槍單純，操作也較簡易，因此有部份獲得採用。雖然毛瑟、華瑟的樣槍都是利用槍口噴出的氣體來推動槍機，但機匣構造卻大不相同。

口徑：7.92mm
彈藥：7.92×57mm
裝彈數：10發
作動方式：半自動
全長：1,140mm
槍管長：546mm
重量：4.9kg
射速：20～30發/分

Gew 41（W）同樣可以利用橋夾裝填子彈，也能1發1發慢慢塞。

Gew 41（W）
氣動機構用的槍口集氣杯。華瑟與毛瑟的樣槍都裝有集氣杯，也因此造成槍口部位過於沉重。

Gew 43是根據投入實戰兼測試的Gew 41（W）反饋資料，將氣動機構的槍口集氣杯改成短行程活塞的新型自動步槍。

《華瑟Gew 43》

將瞄準鏡滑軌列入標準裝備。

未配備刺刀座。

口徑：7.92mm
彈藥：7.92×57mm
裝彈數：10發彈匣
作動方式：半自動
全長：1,117mm
槍管長：549mm
重量：4400g

《Gew 43試製型》

試製型並無瞄準鏡滑軌。

後期型也有配備瞄準鏡滑軌。

硬膠材質護木

《華瑟Kar 43》

1944年4月，制式型號改稱為「Kar 43（Karabiner 43）」。後期生產型的護木換成硬膠材質（一種合成樹脂）。

採用裝卸式10發彈匣。

在裝上彈匣的狀態，也能將槍機向後拉開裝填子彈。

也有推出配備槍口制退器的槍型。

有試製20發彈匣

Gew 43主要配賦東部戰線部隊使用。

〔Gew 43用彈袋〕
可裝入2個預備彈匣。

《Gew 43 7.92×33mm短彈規格 試製型》

使用7.92×33mm短彈的改良型。裝上與StG 44相同的30發彈匣。

狙擊槍

德軍並無專用狙擊槍，而是從一般生產的步槍當中挑選精準度較高的槍枝，裝上狙擊用瞄準鏡構成。瞄準鏡除了軍方制式採用的型號，也多會使用民用產品。

《Kar98k狙擊槍》

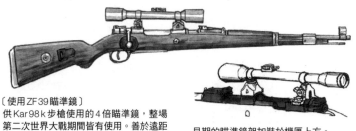

〔使用ZF39瞄準鏡〕
供Kar98k步槍使用的4倍瞄準鏡，整場第二次世界大戰期間皆有使用。善於遠距離射擊，同型的市售品也有大量使用。

早期的瞄準鏡架加裝於機匣上方。

德軍狙擊兵不僅射擊技術高超，且偽裝技巧純熟，令盟軍官兵深感恐懼。

〔使用短滑軌加裝ZF39瞄準鏡〕
1943年採用，配備短滑軌式瞄準鏡架的構型。

機匣左側備有裝設瞄準鏡用的滑軌架。

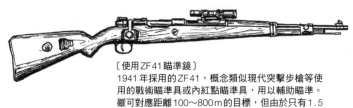

〔使用ZF41瞄準鏡〕
1941年採用的ZF41，概念類似現代突擊步槍等使用的戰術瞄準具或內紅點瞄準具，用以輔助瞄準。雖可對應距離100～800m的目標，但由於只有1.5倍，視野也比較狹窄，不適合遠距離狙擊。

ZF41是裝在照門表尺上使用。

《Gew41/Gew43狙擊槍》

〔Gew41（W）狙擊槍〕
加裝ZF41瞄準鏡，廢除槍口集氣杯。

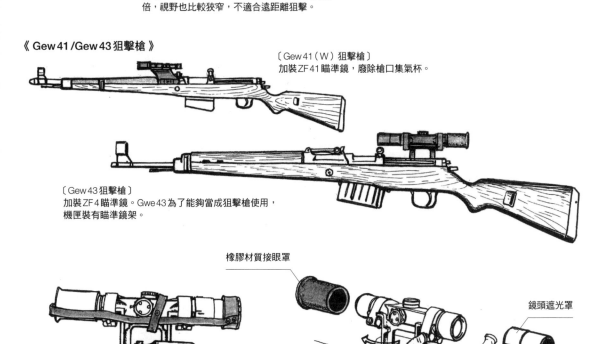

〔Gew43狙擊槍〕
加裝ZF4瞄準鏡。Gwe43為了能夠當成狙擊槍使用，機匣裝有瞄準鏡架。

橡膠材質接眼罩

鏡頭遮光罩

〔ZF4瞄準鏡〕
為了統一採用中及預訂採用的步槍之瞄準鏡，於1943年採用的4倍瞄準鏡。裝於機匣右後側。

裝卸把手

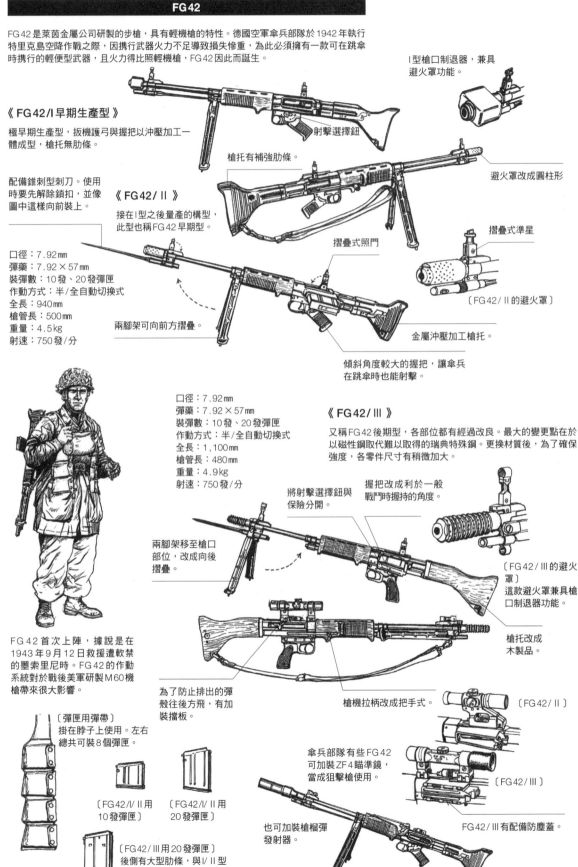

FG42

FG42是萊茵金屬公司研製的步槍,具有輕機槍的特性。德國空軍傘兵部隊於1942年執行特里克島空降作戰之際,因携行武器火力不足導致損失慘重,為此必須擁有一款可在跳傘時携行的輕便型武器,且火力得比照輕機槍,FG42因此而誕生。

I型槍口制退器,兼具避火罩功能。

《FG42/I早期生產型》

極早期生產型,扳機護弓與握把以沖壓加工一體成型,槍托無肋條。

槍托有補強肋條。

避火罩改成圓柱形

配備錐刺型刺刀。使用時要先解除鎖扣,並像圖中這樣向前裝上。

《FG42/II》

接在I型之後量產的構型,此型也稱FG42早期型。

摺疊式準星

摺疊式照門

〔FG42/II的避火罩〕

口徑:7.92mm
彈藥:7.92×57mm
裝彈數:10發、20發彈匣
作動方式:半/全自動切換式
全長:940mm
槍管長:500mm
重量:4.5kg
射速:750發/分

兩腳架可向前方摺疊。

金屬沖壓加工槍托。

傾斜角度較大的握把,讓傘兵在跳傘時也能射擊。

口徑:7.92mm
彈藥:7.92×57mm
裝彈數:10發、20發彈匣
作動方式:半/全自動切換式
全長:1,100mm
槍管長:480mm
重量:4.9kg
射速:750發/分

《FG42/III》

又稱FG42後期型,各部位都有經過改良。最大的變更點在於以磁性鋼取代難以取得的瑞典特殊鋼。更換材質後,為了確保強度,各零件尺寸有稍微加大。

將射擊選擇鈕與保險分開。

握把改成利於一般戰鬥時握持的角度。

兩腳架移至槍口部位,改成向後摺疊。

〔FG42/III的避火罩〕
這款避火罩兼具槍口制退器功能。

槍托改成木製品。

FG42首次上陣,據說是在1943年9月12日救援遭軟禁的墨索里尼時。FG42的作動系統對於戰後美軍研製M60機槍帶來很大影響。

為了防止排出的彈殼往後方飛,有加裝擋板。

槍機拉柄改成把手式。

〔FG42/II〕

〔彈匣用彈帶〕
掛在脖子上使用。左右總共可裝8個彈匣。

傘兵部隊有些FG42可加裝ZF4瞄準鏡,當成狙擊槍使用。

〔FG42/III〕

〔FG42/I/II用10發彈匣〕

〔FG42/I/II用20發彈匣〕

也可加裝槍榴彈發射器。

FG42/III有配備防塵蓋。

〔FG42/III用20發彈匣〕
後側有大型肋條,與I/II型無法通用。

突擊步槍

德軍領先世界將突擊步槍投入實用，其設計起源於1938年研製的自動卡賓槍，使用7.92×33mm短彈。陸軍要求這種槍械必須具備超越衝鋒槍的威力與較長射程，但要比步槍輕巧。海內爾公司研製的MKb42（H）經過實戰測試後，以MP43為型號獲得採用。

口徑：7.92mm
彈藥：7.92×33mm（7.92mm短彈）
裝彈數：30發彈匣
作動方式：半/全自動切換式
全長：933mm
槍管長：409mm
重量：4.4kg
射速600發/分

《MKb 42（W）》

華瑟公司設計的樣槍。採用閉鎖式槍機、氣體作動機構。

依據陸軍需求，由海內爾公司設計的槍型。採開放式槍機、氣導式作動。經測試後，性能表現比華瑟的樣槍優秀，便於1942年送往東部戰線的部隊進行測試運用。

《MKb 42（H）》

改良時廢除了刺刀座。

口徑：7.92mm
彈藥：7.92×33mm（7.92mm短彈）
裝彈數：30發彈匣
作動方式：半/全自動切換式
全長：940mm
槍管長：364mm
重量：5kg
射速：500發/分

《StG 44（MP43、MP44）》

口徑：7.92mm
彈藥：7.92×33mm（7.92mm短彈）
裝彈數：30發彈匣
作動方式：半/全自動切換式
全長：940mm
槍管長：419mm
重量：5,220g
射速：500～600發/分

MKb 42（H）經測試運用後，將作動方式改成閉鎖槍機式，並對細部進行修改，制式採用改良型為MP43。型號後來改稱為MP44，最後則由希特勒命名為StG 44（Sturmgewehr 44，44年式突擊步槍）。

準星改良成可以裝設槍榴彈發射器。

MP43用的試製減音器。

StG 44的後期生產型槍管直徑無落差。

MP43也有試製槍口制退器。

《曲射槍管J》

從事壕溝戰或城鎮戰時，為了從掩蔽物後方伸出槍口射擊，研製出這種曲射槍管。槍管角度有30°、45°、60°、90°共4種，MP43有推出一種搭配稜鏡瞄準具的曲射槍管套件，德文稱為「Vorsatzlauf」。

《曲射槍管P》

裝在戰車、驅逐戰車等砲塔或戰鬥室頂面裝甲的曲射槍眼。用以抵禦敵步兵近迫攻擊。

口徑：7.92mm
彈藥：7.92×33mm（7.92mm短彈）
裝彈數：10發、30發彈匣
作動方式：半/全自動切換式
全長：1,050mm
槍管長：390mm
重量：3.63kg
射速：350～450發

重量：夜視鏡2.25kg、電源組（含電池）13.5kg
有效距離：約100m

《ZG 1229吸血鬼夜視鏡裝備型》

裝上主動式紅外線夜視鏡的夜戰構型。以上方投射燈照射紅外光，再透過夜視鏡瞄準目標。

《槍械06》

毛瑟公司的輕兵器設計團隊研製的滾輪式閉鎖機構樣槍，是StG 45的研製基礎。

口徑：7.92mm
彈丸：7.92×33mm（7.92mm短彈）
裝彈數：10發、30發彈匣
作動方式：半/全自動切換式
全長：940mm
槍管長：419mm
重量：4kg
射速：350～450發/分

《StG 45（M）》

StG 44的簡化版，毛瑟公司於1944年試製的突擊步槍，又稱「槍械06H」。

衝鋒槍

衝鋒槍在近距離戰鬥最能發揮威力，第一次世界大戰末期由德國投入實用。首先採用的MP18威力強大，對各國軍隊研製衝鋒槍時帶來頗大影響。德國在MP18以降也持續研製，最終推出先進的MP38衝鋒槍。附帶一提，德國會稱衝鋒槍為「Maschinenpistole（手提機槍）」。

《MP18I》

伯格曼公司於1917年研製，1918年獲德軍採用的MP18，在第一次世界大戰後改良彈匣插槽的構型。1920年代由德軍與警察使用。

口徑：9mm　彈藥：9×19mm（9mm帕拉貝倫彈）　裝彈數：32發彈匣　作動方式：全自動　全長：815mm　槍管長：200mm　重量：4.7kg　射速：約350～450發/分

《MP28》

胡戈‧施邁瑟轉至黑內爾公司後設計的MP18I改良型。構造與外觀和MP18幾無二致，僅加上半/全自動切換功能。1934年由警察採用，後來武裝親衛隊也將其制式化。

口徑：9mm　彈藥：9×19mm（9mm帕拉貝倫彈）　裝彈數：20發、32發、50發彈匣　全長：813mm　槍管長：200mm　重量：4kg　射速：約500～600發/分

《MP34》

伯格曼公司生產的MP34除了德國警察使用之外，也有外銷至其他國家。第二次世界大戰爆發後，武裝親衛隊也有配備。

口徑：9mm
彈藥：9×19mm（9mm帕拉貝倫彈）
裝彈數：20發、32發彈匣
全長：813mm
槍管長：200mm
重量：4kg
射速：約500～600發/分

《MP34（ö）》

斯泰爾公司生產的MP34德軍規格。德國吞併奧地利後，生產將彈藥換成9×19mm的德軍版，配賦憲兵隊與空軍等單位。

埃爾馬公司於1935年研製的衝鋒槍，有木製槍托與前握把。為空軍、武裝親衛隊及警察採用。

《EMP35》

口徑：9mm
彈藥：9×19mm（9mm帕拉貝倫彈）
裝彈數：10發、20發、32發彈匣
作動方式：半/全自動切換式
全長：840mm
槍管長：250mm
重量：4.5kg
射速：約500發/分

陸軍雖然是以MP38與MP40為主力，但有些部隊也會使用MP34等槍型。

《ZK-383（MP383（t））》

吞併捷克斯洛伐克之後，生產給武裝親衛隊使用。附摺疊式兩腳架。

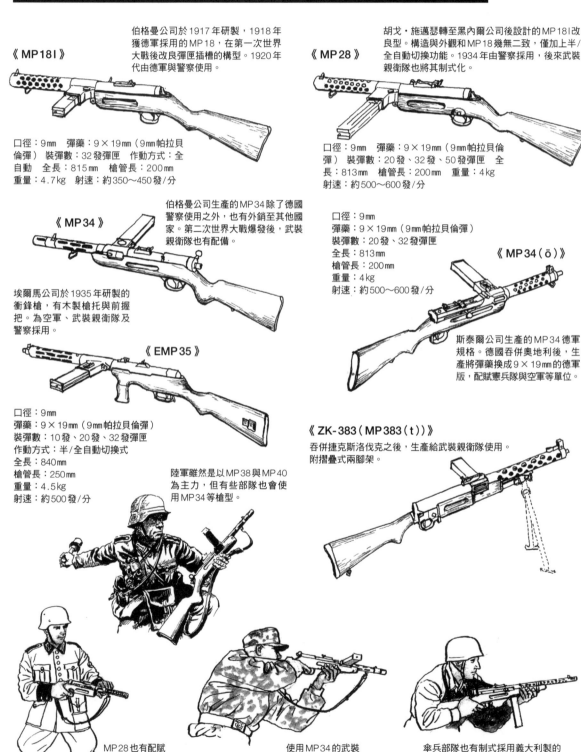

MP28也有配賦憲兵隊。

使用MP34的武裝親衛隊員。

傘兵部隊也有制式採用義大利製的貝瑞塔M1938衝鋒槍。

埃爾馬公司研製的MP38，在1938年成為德軍的制式衝鋒槍。1940年，將切削加工的機匣部改成沖壓加工件，藉此提高生產性的改良型MP40獲得採用。

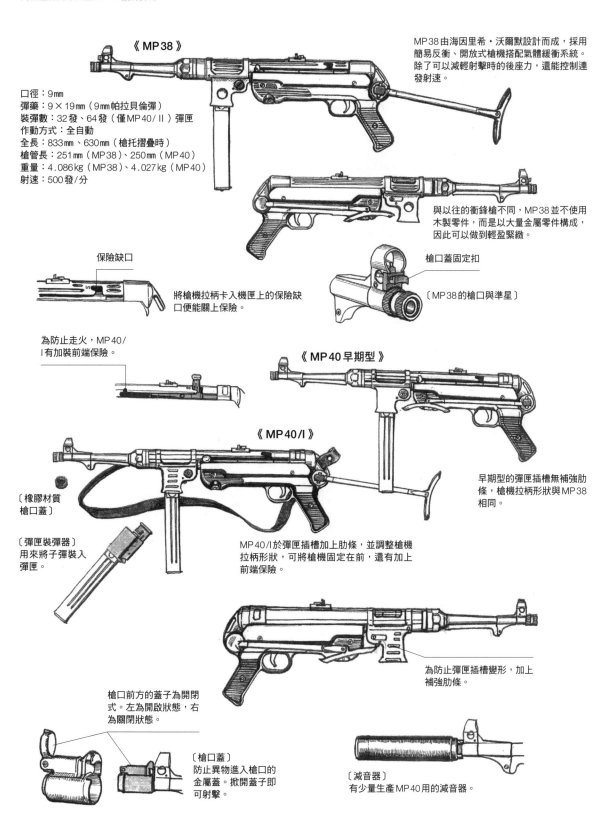

《 MP 38 》

MP38由海因里希・沃爾默設計而成，採用簡易反衝、開放式槍機搭配氣體緩衝系統。除了可以減輕射擊時的後座力，還能控制連發射速。

口徑：9mm
彈藥：9×19mm（9mm帕拉貝倫彈）
裝彈數：32發、64發（僅MP40/Ⅱ）彈匣
作動方式：全自動
全長：833mm、630mm（槍托摺疊時）
槍管長：251mm（MP38）、250mm（MP40）
重量：4.086kg（MP38）、4.027kg（MP40）
射速：500發/分

與以往的衝鋒槍不同，MP38並不使用木製零件，而是以大量金屬零件構成，因此可以做到輕盈緊緻。

保險缺口

將槍機拉柄卡入機匣上的保險缺口便能關上保險。

槍口蓋固定扣

〔MP38的槍口與準星〕

為防止走火，MP40/Ⅰ有加裝前端保險。

《 MP 40 早期型 》

《 MP 40 /Ⅰ 》

早期型的彈匣插槽無補強肋條，槍機拉柄形狀與MP38相同。

〔橡膠材質槍口蓋〕

〔彈匣裝彈器〕
用來將子彈裝入彈匣。

MP40/Ⅰ於彈匣插槽加上肋條，並調整槍機拉柄形狀，可將槍機固定在前，還有加上前端保險。

為防止彈匣插槽變形，加上補強肋條。

槍口前方的蓋子為開閉式。左為開啟狀態，右為關閉狀態。

〔槍口蓋〕
防止異物進入槍口的金屬蓋。掀開蓋子即可射擊。

〔減音器〕
有少量生產MP40用的減音器。

105

MP38原本優先配發給傘兵部隊與機械化部隊，後來則配發全軍。步兵部隊由軍官及士官使用。

槍管下方有個鋁質護條，依托射擊時可避免槍管刮傷。

裝入布質槍套的MP40。

兩小腿上綁著彈匣袋。

MP38/MP40的射擊後座力很輕，立射之際可利用槍托進行穩定射擊。

將槍揹帶掛在脖子上進行腰射。近身戰鬥之際可依據狀況迅速反應。

傘兵部隊跳傘時能攜行的武器有限。MP38/MP40是傘兵可以直接攜帶的武器，因此很常使用。

MP38/MP40的衍生型

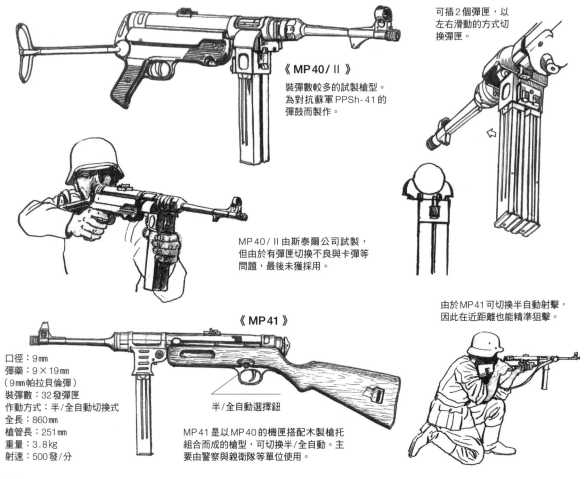

可插2個彈匣，以左右滑動的方式切換彈匣。

《MP40/II》
裝彈數較多的試製槍型。為對抗蘇軍PPSh-41的彈鼓而製作。

MP40/II由斯泰爾公司試製，但由於有彈匣切換不良與卡彈等問題，最後未獲採用。

由於MP41可切換半自動射擊，因此在近距離也能精準狙擊。

《MP41》

口徑：9mm
彈藥：9×19mm
（9mm帕拉貝倫彈）
裝彈數：32發彈匣
作動方式：半/全自動切換式
全長：860mm
槍管長：251mm
重量：3.8kg
射速：500發/分

半/全自動選擇鈕

MP41是以MP40的機匣搭配木製槍托組合而成的槍型，可切換半/全自動。主要由警察與親衛隊等單位使用。

決戰兵器

為了保衛本土，德國於1944年11月動員16～60歲的男性國民編成「國民突擊隊」。配發給國民突擊隊武器都是一次大戰時期槍型或繳獲武器，但在數量上還是不夠，因此又緊急推出所謂「國民突擊槍」供其使用。組成國民突擊隊的少年與老人，就是拿著這些武器面臨最後決戰。

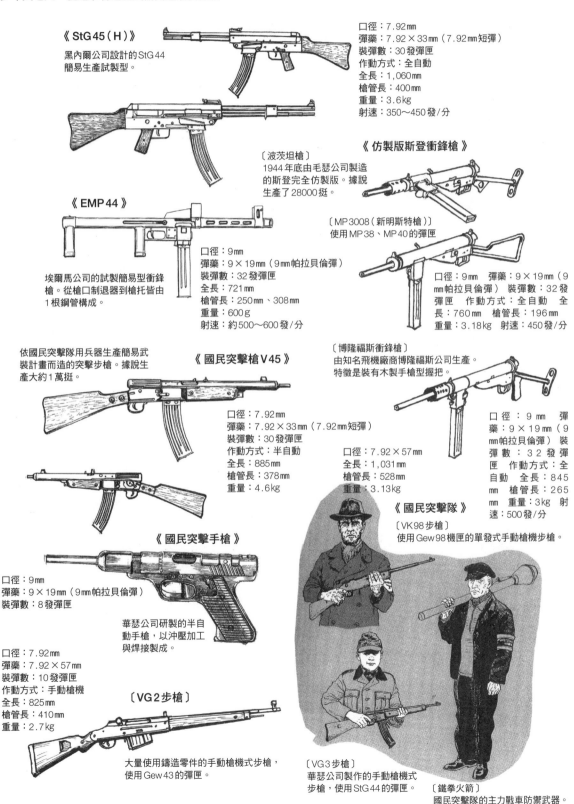

《StG45（H）》

黑內爾公司設計的StG44簡易生產試製型。

口徑：7.92mm
彈藥：7.92×33mm（7.92mm短彈）
裝彈數：30發彈匣
作動方式：全自動
全長：1,060mm
槍管長：400mm
重量：3.6kg
射速：350～450發/分

〔波茨坦槍〕
1944年底由毛瑟公司製造的斯登完全仿製版。據說生產了28000挺。

《仿製版斯登衝鋒槍》

《EMP44》

埃爾馬公司的試製簡易型衝鋒槍。從槍口制退器到槍托皆由1根鋼管構成。

口徑：9mm
彈藥：9×19mm（9mm帕拉貝倫彈）
裝彈數：32發彈匣
全長：721mm
槍管長：250mm、308mm
重量：600g
射速：約500～600發/分

〔MP3008（新明斯特槍）〕
使用MP38、MP40的彈匣

口徑：9mm 彈藥：9×19mm（9mm帕拉貝倫彈）裝彈數：32發彈匣 作動方式：全自動 全長：760mm 槍管長：196mm 重量：3.18kg 射速：450發/分

依國民突擊隊用兵器生產簡易武裝計畫而造的突擊步槍。據說生產大約約1萬挺。

《國民突擊槍V45》

口徑：7.92mm
彈藥：7.92×33mm（7.92mm短彈）
裝彈數：30發彈匣
作動方式：半自動
全長：885mm
槍管長：378mm
重量：4.6kg

〔博隆福斯衝鋒槍〕
由知名飛機廠商博隆福斯公司生產。特徵是裝有木製手槍型握把。

口徑：7.92×57mm
全長：1,031mm
槍管長：528mm
重量：3.13kg

口徑：9mm 彈藥：9×19mm（9mm帕拉貝倫彈）裝彈數：32發彈匣 作動方式：全自動 全長：845mm 槍管長：265mm 重量：3kg 射速：500發/分

《國民突擊手槍》

口徑：9mm
彈藥：9×19mm（9mm帕拉貝倫彈）
裝彈數：8發彈匣

華瑟公司研製的半自動手槍，以沖壓加工與焊接製成。

《國民突擊隊》

〔VK98步槍〕
使用Gew98機匣的單發式手動槍機步槍。

口徑：7.92mm
彈藥：7.92×57mm
裝彈數：10發彈匣
作動方式：手動槍機
全長：825mm
槍管長：410mm
重量：2.7kg

〔VG2步槍〕

大量使用鑄造零件的手動槍機式步槍，使用Gew43的彈匣。

〔VG3步槍〕
華瑟公司製作的手動槍機式步槍，使用StG44的彈匣。

〔鐵拳火箭〕
國民突擊隊的主力戰車防禦武器。

機槍

德國陸軍的機槍歷史始於MG08重機槍。第一次世界大戰結束後，雖然機槍的持有與生產受到限制，但德國陸軍仍持續研製輕量化的氣冷機槍。經過MG13、MG30等槍型，最終創造出了通用機槍這個新的類別，成果包括MG34與MG42。

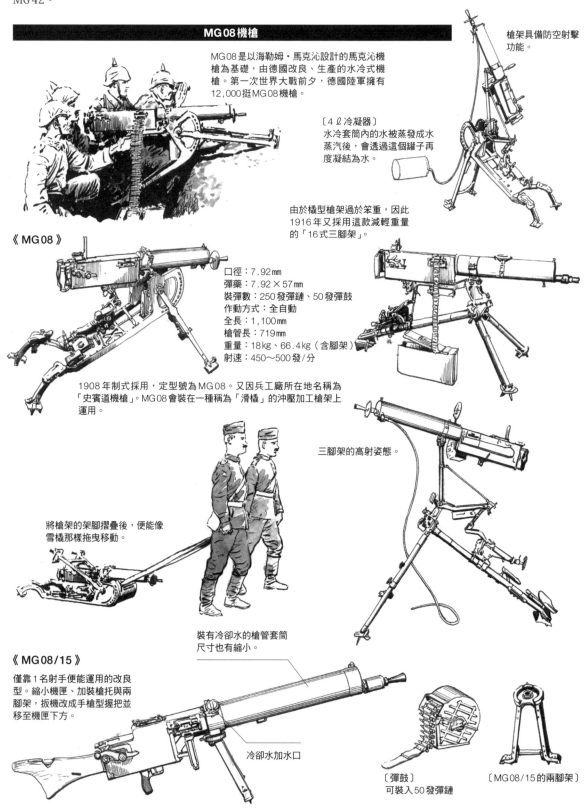

MG08機槍

MG08是以海勒姆・馬克沁設計的馬克沁機槍為基礎，由德國改良、生產的水冷式機槍。第一次世界大戰前夕，德國陸軍擁有12,000挺MG08機槍。

槍架具備防空射擊功能。

〔4ℓ冷凝器〕
水冷套筒內的水被蒸發成水蒸汽後，會透過這個罐子再度凝結為水。

由於橇型槍架過於笨重，因此1916年又採用這款減輕重量的「16式三腳架」。

《MG08》

口徑：7.92mm
彈藥：7.92×57mm
裝彈數：250發彈鏈、50發彈鼓
作動方式：全自動
全長：1,100mm
槍管長：719mm
重量：18kg、66.4kg（含腳架）
射速：450～500發／分

1908年制式採用，定型號為MG08。又因兵工廠所在地名稱為「史賓道機槍」。MG08會裝在一種稱為「滑橇」的沖壓加工槍架上運用。

三腳架的高射姿態。

將槍架的架腳摺疊後，便能像雪橇那樣拖曳移動。

裝有冷卻水的槍管套筒尺寸也有縮小。

《MG08/15》

僅靠1名射手便能運用的改良型。縮小機匣、加裝槍托與兩腳架，扳機改成手槍型握把並移至機匣下方。

冷卻水加水口

〔彈鼓〕
可裝入50發彈鏈

〔MG08/15的兩腳架〕

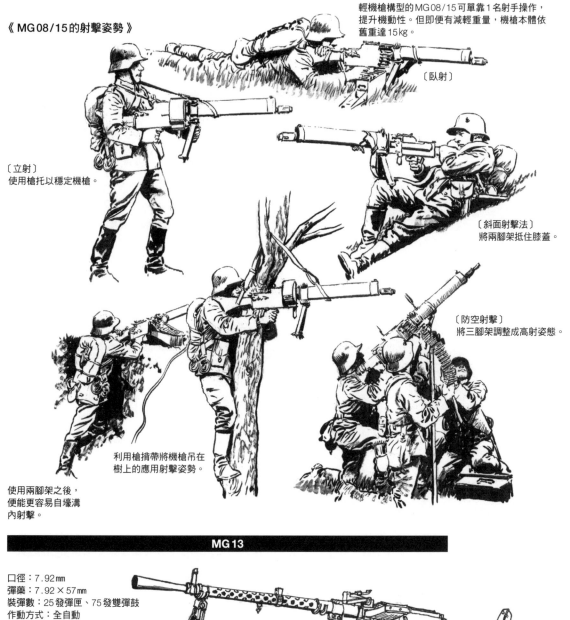

《MG 08/15的射擊姿勢》

輕機槍構型的MG 08/15可靠1名射手操作，提升機動性。但即便有減輕重量，機槍本體依舊重達15kg。

〔臥射〕

〔立射〕
使用槍托以穩定機槍。

〔斜面射擊法〕
將兩腳架抵住膝蓋。

〔防空射擊〕
將三腳架調整成高射姿態。

利用槍揹帶將機槍吊在樹上的應用射擊姿勢。

使用兩腳架之後，便能更容易自壕溝內射擊。

MG 13

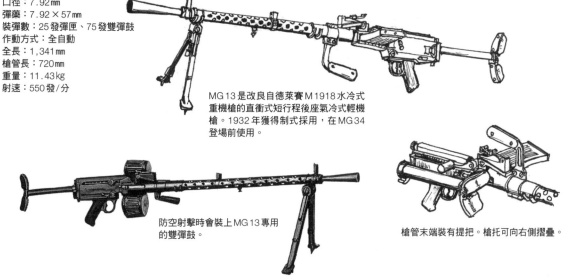

口徑：7.92mm
彈藥：7.92×57mm
裝彈數：25發彈匣、75發雙彈鼓
作動方式：全自動
全長：1,341mm
槍管長：720mm
重量：11.43kg
射速：550發/分

MG 13是改良自德萊賽M 1918水冷式重機槍的直衝式短行程後座氣冷式輕機槍。1932年獲得制式採用，在MG 34登場前使用。

防空射擊時會裝上MG 13專用的雙彈鼓。

槍管末端裝有提把。槍托可向右側摺疊。

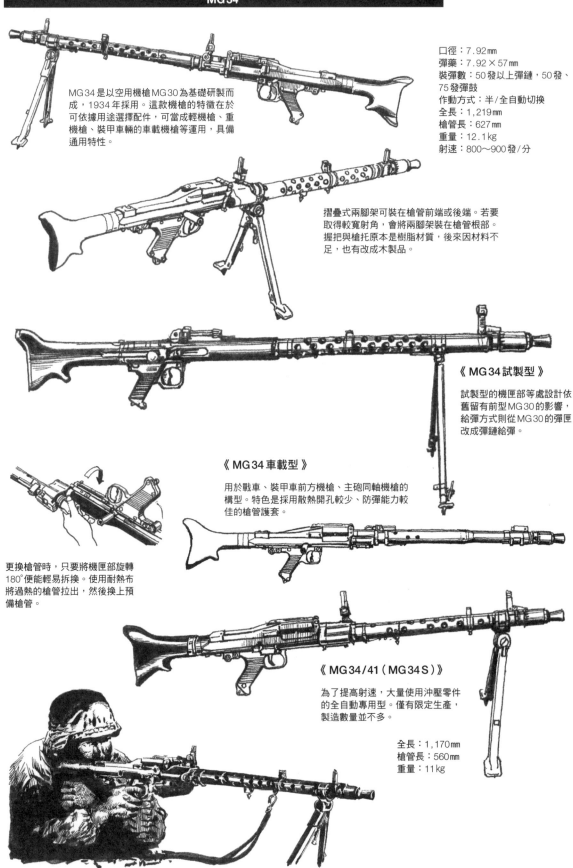

MG34

MG34是以空用機槍MG30為基礎研製而成，1934年採用。這款機槍的特徵在於可依據用途選擇配件，可當成輕機槍、重機槍、裝甲車輛的車載機槍等運用，具備通用特性。

口徑：7.92mm
彈藥：7.92×57mm
裝彈數：50發以上彈鏈，50發、75發彈鼓
作動方式：半/全自動切換
全長：1,219mm
槍管長：627mm
重量：12.1kg
射速：800～900發/分

摺疊式兩腳架可裝在槍管前端或後端。若要取得較寬射角，會將兩腳架裝在槍管根部。握把與槍托原本是樹脂材質，後來因材料不足，也有改成木製品。

《MG34試製型》

試製型的機匣部等處設計依舊留有前型MG30的影響，給彈方式則從MG30的彈匣改成彈鏈給彈。

《MG34車載型》

用於戰車、裝甲車前方機槍、主砲同軸機槍的構造。特色是採用散熱開孔較少、防彈能力較佳的槍管護套。

更換槍管時，只要將機匣部旋轉180°便能輕易拆換。使用耐熱布將過熱的槍管拉出，然後換上預備槍管。

《MG34/41（MG34S）》

為了提高射速，大量使用沖壓零件的全自動專用型。僅有限定生產，製造數量並不多。

全長：1,170mm
槍管長：560mm
重量：11kg

MG34用附件

〔34年式彈鏈盒〕
可容納300發彈鏈，材質有鐵製與鋁製。

〔50發彈鏈〕
金屬材質非分離式彈鏈。連結後可延長為100發、200發。圖中下方畫的是進彈導片，把彈鏈裝入機槍時會用到。

渦卷彈簧把手
〔34年式雙彈鼓（鞍型彈鼓）〕
透過渦卷彈簧給彈。左右合計裝填75發。

〔雙彈鼓用攜行架〕

〔36年式彈鏈盒〕

〔車載用彈袋〕

〔34年式彈鼓〕
可容納1條50發彈鏈。

〔彈鼓攜行架〕

〔空彈殼回收袋〕

〔預備制退器容器〕

〔油壺〕

〔預備復進簧容器〕

〔預備零件袋〕
用來裝油壺與預備零件，尺寸設計成可以容納34年式彈鏈盒。

〔預備槍管容器2根用〕

〔預備槍管容器1根用〕

〔槍揹帶〕
皮革材質，MG34、MG42共用。

〔34年式工具盒〕

〔帆布槍揹帶〕
用於攜行彈鏈盒等。

耐熱布

工具盒蓋開啟狀態。

〔收納於工具盒內的保養配件〕

❶耐熱布
更換槍管時用來拉出灼熱的槍管。
❷槍口套
❸彈鏈導片
❹MG34用防空瞄準具
❺MG42用防空瞄準具
❻油壺
❼通槍條
❽扳手
❾卡彈排除器
❿MG42預備槍機
⓫MG34預備槍機
⓬⓭⓮扳手類

〔瞄準具攜行盒〕
金屬材質。用以攜行、保管瞄準具。

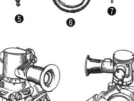

〔MGZ34光學瞄準具〕
34式腳架用，當成重機槍使用時會裝上。左圖為瞄準具左側，右圖為右側。

〔MGZ40光學瞄準具〕

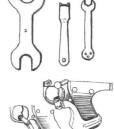

〔寒冷地區用扳機〕
握把與扳機連動，即便戴著厚重的防寒手套，只要握緊握把便能發射。

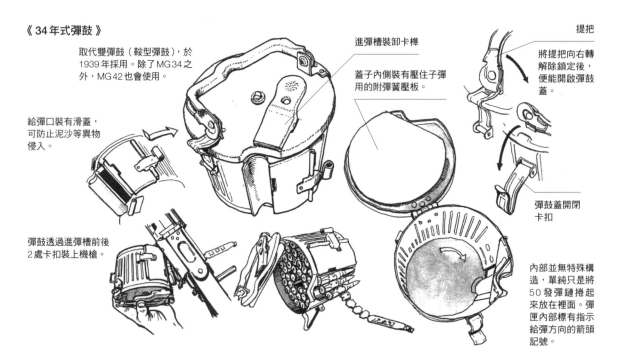

《 34 年式彈鼓 》

取代雙彈鼓（鞍型彈鼓），於 1939 年採用。除了 MG34 之外，MG42 也會使用。

給彈口裝有滑蓋，可防止泥沙等異物侵入。

進彈槽裝卸卡榫

蓋子內側裝有壓住子彈用的附彈簧壓板。

提把

將提把向右轉解除鎖定後，便能開啟彈鼓蓋。

彈鼓蓋開閉卡扣

彈鼓透過進彈槽前後 2 處卡扣裝上機槍。

內部並無特殊構造，單純只是將 50 發彈鏈捲起來放在裡面。彈匣內部標有指示給彈方向的箭頭記號。

《 34 年式彈鏈盒 》

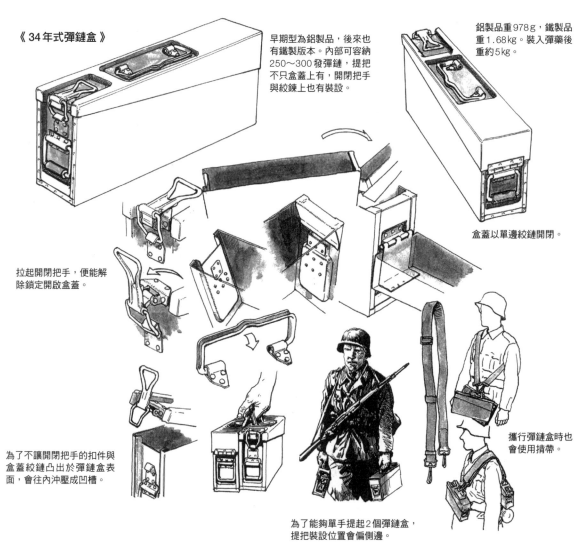

早期型為鋁製品，後來也有鐵製版本。內部可容納 250～300 發彈鏈，提把不只盒蓋上有，開閉把手與絞鍊上也有裝設。

鋁製品重 978g，鐵製品重 1.68kg。裝入彈藥後重約 5kg。

盒蓋以單邊絞鏈開閉。

拉起開閉把手，便能解除鎖定開啟盒蓋。

為了不讓開閉把手的扣件與盒蓋絞鏈凸出於彈鏈盒表面，會往內沖壓成凹槽。

攜行彈鏈盒時也會使用揹帶。

為了能夠單手提起 2 個彈鏈盒，提把裝設位置會偏側邊。

MG34當成重機槍使用時，會架在「Lafette 34」（34式腳架）上使用。這款三腳架是為了穩定運用射速較高的MG34而研製。34式槍架的結構大致可分為附緩衝器的主槍架、射角調整與扳機部、腳部。除此之外，為了進行遠距離精準射擊，還可加裝光學瞄準具。

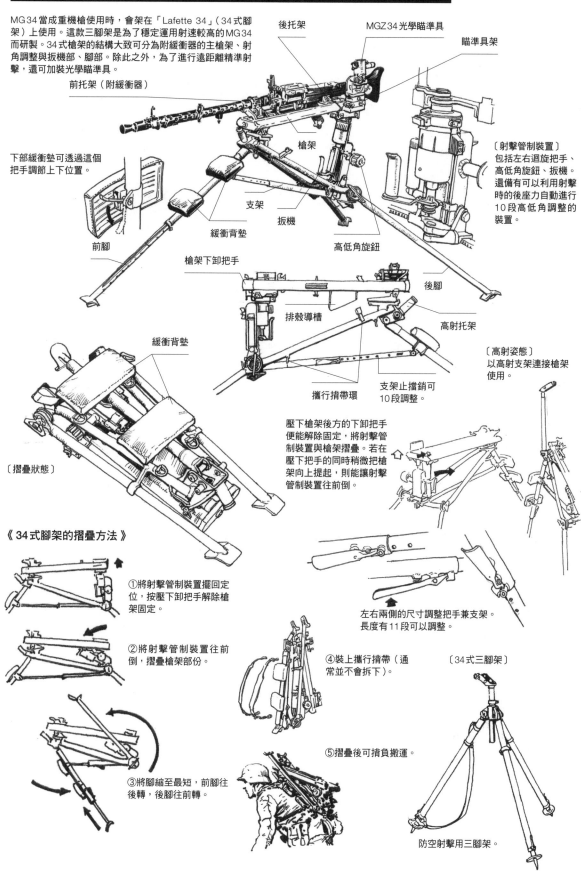

後托架

MGZ34 光學瞄準具

瞄準具架

前托架（附緩衝器）

下部緩衝墊可透過這個把手調節上下位置。

槍架

〔射擊管制裝置〕
包括左右迴旋把手、高低角旋鈕、扳機。還備有可以利用射擊時的後座力自動進行10段高低角調整的裝置。

前腳

支架

扳機

緩衝背墊

高低角旋鈕

槍架下卸把手

排殼導槽

後腳

高射托架

緩衝背墊

〔摺疊狀態〕

攜行揹帶環

支架止擋銷可10段調整。

〔高射姿態〕
以高射支架連接槍架使用。

壓下槍架後方的下卸把手便能解除固定，將射擊管制裝置與槍架摺疊。若在壓下把手的同時稍微把槍架向上提起，則能讓射擊管制裝置往前倒。

《 34式腳架的摺疊方法 》

①將射擊管制裝置擺回定位，按壓下卸把手解除槍架固定。

②將射擊管制裝置往前倒，摺疊槍架部份。

③將腳縮至最短，前腳往後轉，後腳往前轉。

左右兩側的尺寸調整把手兼支架。長度有11段可以調整。

④裝上攜行揹帶（通常並不會拆下）。

⑤摺疊後可揹負搬運。

〔34式三腳架〕

防空射擊用三腳架。

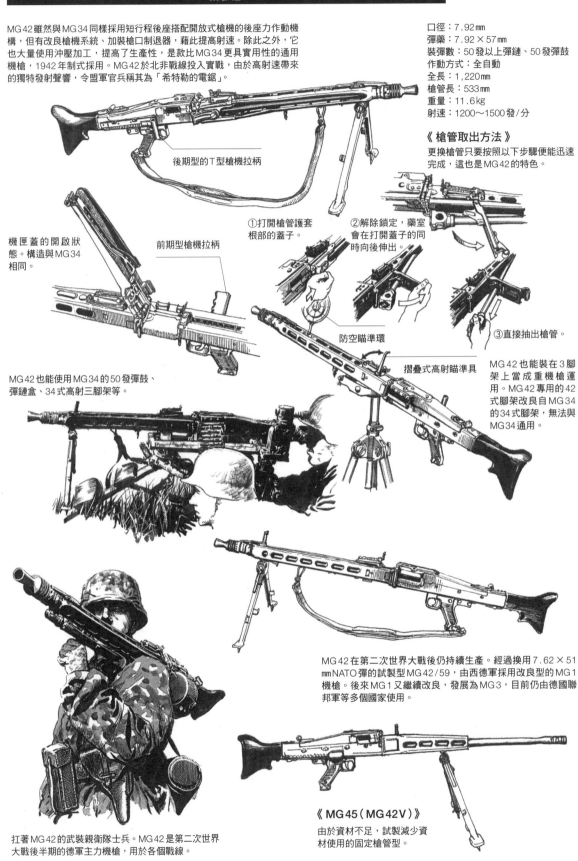

MG42雖然與MG34同樣採用短行程後座搭配開放式槍機的後座力作動機構，但有改良槍機系統、加裝槍口制退器，藉此提高射速。除此之外，它也大量使用沖壓加工，提高了生產性，是款比MG34更具實用性的通用機槍，1942年制式採用。MG42於北非戰線投入實戰，由於高射速帶來的獨特發射聲響，令盟軍官兵稱其為「希特勒的電鋸」。

口徑：7.92mm
彈藥：7.92×57mm
裝彈數：50發以上彈鏈、50發彈鼓
作動方式：全自動
全長：1,220mm
槍管長：533mm
重量：11.6kg
射速：1200～1500發/分

後期型的T型槍機拉柄

《槍管取出方法》
更換槍管只要按照以下步驟便能迅速完成，這也是MG42的特色。

機匣蓋的開啟狀態。構造與MG34相同。

前期型槍機拉柄

①打開槍管護套根部的蓋子。

②解除鎖定，藥室會在打開蓋子的同時向後伸出。

③直接抽出槍管。

防空瞄準環

摺疊式高射瞄準具

MG42也能使用MG34的50發彈鼓、彈鏈盒、34式高射三腳架等。

MG42也能裝在3腳架上當成重機槍運用。MG42專用的42式腳架改良自MG34的34式腳架，無法與MG34通用。

MG42在第二次世界大戰後仍持續生產。經過換用7.62×51mmNATO彈的試製型MG42/59，由西德軍採用改良型的MG1機槍。後來MG1又繼續改良，發展為MG3，目前仍由德國聯邦軍等多個國家使用。

扛著MG42的武裝親衛隊士兵。MG42是第二次世界大戰後半期的德軍主力機槍，用於各個戰線。

《MG45（MG42V）》
由於資材不足，試製減少資材使用的固定槍管型。

《當作輕機槍使用》

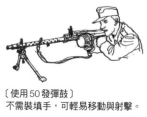

〔使用50發彈鼓〕
不需裝填手，可輕易移動與射擊。

〔使用雙彈鼓〕
更換專用進彈槽。這款彈鼓僅適用於
MG34。

〔使用彈鏈盒〕
為了順暢給彈，一般會配屬裝彈手，
用來穩住彈鏈。

將兩腳架裝在槍管根部，便能取得較寬廣的
左右射角。

機槍排會使用腳架，當成重機槍運用。

當成輕機槍運用時，每個步兵
班會配賦1挺。

《使用腳架射擊》

〔高姿射擊〕
跪射時的用法。

〔低姿射擊〕
臥射時會將後腳伸長。

《防空射擊》

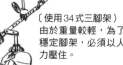

〔使用腳架〕
裝上高射腳架。由
於腳架較重，重心
較低，因此能夠穩
定進行防空射擊。

〔使用34式三腳架〕
由於重量較輕，為了
穩定腳架，必須以人
力壓住。

〔最低姿射擊〕
若要以更低姿勢射擊，會將後腳摺疊。

《立射》

沒有腳架的步兵班，有時也會將機槍架
在彈藥手的肩膀上射擊。

一邊前進一邊射擊時，會把槍揹帶
掛在脖子上，以左手握持兩腳架以
穩定槍身。

《更換槍管》

為防止磨耗或過熱，槍
管可迅速進行更換，為
MG34的特徵之一。更換
槍管只需按下鎖扣並旋轉
槍管根部，並將槍管從護
套內抽出即可。

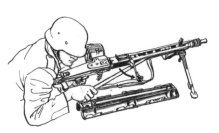

MG42的槍管更換步驟更加簡略，只要拉開把手
便能抽出槍管。

槍榴彈發射器

德軍的槍榴彈發射器稱為Schießbecher，於1942年採用。當時各國使用的槍榴彈分為將榴彈插入發射器的套筒式，或是將榴彈裝入杯狀發射器內，再以空包彈發射出去的型式。德軍的槍榴彈發射器與他國不同，是將專用榴彈裝入有腔線的發射器後發射。

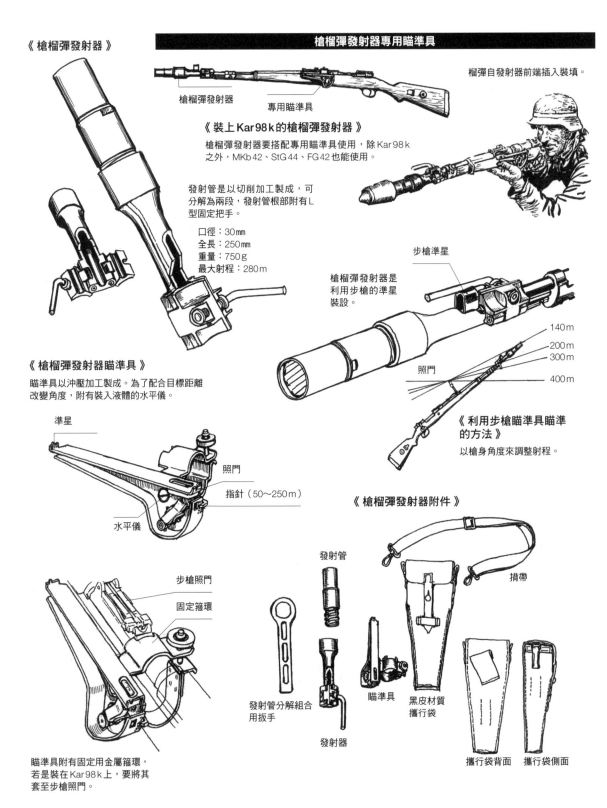

《槍榴彈發射器》

槍榴彈發射器專用瞄準具

槍榴彈發射器　專用瞄準具

榴彈自發射器前端插入裝填。

《裝上Kar98k的槍榴彈發射器》

槍榴彈發射器要搭配專用瞄準具使用，除Kar98k之外，MKb42、StG44、FG42也能使用。

發射管是以切削加工製成，可分解為兩段，發射管根部附有L型固定把手。

口徑：30mm
全長：250mm
重量：750g
最大射程：280m

步槍準星

槍榴彈發射器是利用步槍的準星裝設。

140m
200m
300m
400m

照門

《槍榴彈發射器瞄準具》

瞄準具以沖壓加工製成。為了配合目標距離改變角度，附有裝入液體的水平儀。

準星
照門
指針（50～250m）
水平儀

《利用步槍瞄準具瞄準的方法》

以槍身角度來調整射程。

《槍榴彈發射器附件》

發射管
揹帶
發射管分解組合用扳手
瞄準具
黑皮材質攜行袋
發射器

步槍照門
固定箍環

瞄準具附有固定用金屬箍環，若是裝在Kar98k上，要將其套至步槍照門。

攜行袋背面　攜行袋側面

槍榴彈發射器專用彈

槍榴彈發射器備有戰車防禦、人員殺傷榴彈與信號彈等彈種。榴彈內建空炸引信，若未命中目標，也會在4.5秒時自爆。各式彈體為了穩定飛行彈道，皆帶有可以卡入膛線的溝槽。

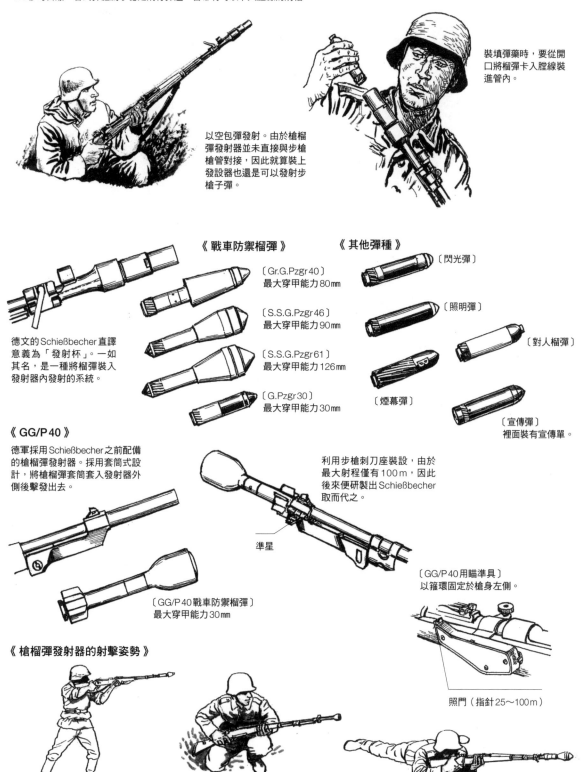

以空包彈發射。由於槍榴彈發射器並未直接與步槍槍管對接，因此就算裝上發設器也還是可以發射步槍子彈。

裝填彈藥時，要從開口將榴彈卡入膛線裝進管內。

《戰車防禦榴彈》

德文的Schießbecher直譯意義為「發射杯」。一如其名，是一種將榴彈裝入發射器內發射的系統。

〔Gr.G.Pzgr40〕
最大穿甲能力80mm

〔S.S.G.Pzgr46〕
最大穿甲能力90mm

〔S.S.G.Pzgr61〕
最大穿甲能力126mm

〔G.Pzgr30〕
最大穿甲能力30mm

《其他彈種》

〔閃光彈〕

〔照明彈〕

〔對人榴彈〕

〔煙幕彈〕

〔宣傳彈〕
裡面裝有宣傳單。

《GG/P40》

德軍採用Schießbecher之前配備的槍榴彈發射器。採用套筒式設計，將槍榴彈套筒套入發射器外側後擊發出去。

利用步槍刺刀座裝設，由於最大射程僅有100m，因此後來便研製出Schießbecher取而代之。

準星

〔GG/P40戰車防禦榴彈〕
最大穿甲能力30mm

〔GG/P40用瞄準具〕
以箍環固定於槍身左側。

照門（指針25～100m）

《槍榴彈發射器的射擊姿勢》

〔立射〕
無法跪射或臥射時採取的姿勢，必須以肩膀承受發射時的強大後座力。

〔跪射〕
對人、對物目標使用的射擊姿勢。為了吸收射擊時的後座力，槍托底板要抵住地面。

〔臥射〕
用以進行反戰車攻擊或對付碉堡槍眼等。

手榴彈

第二次世界大戰德軍的手榴彈，包括最有名的M24木柄手榴彈、M43手榴彈、M39手榴彈等，以爆震殺傷式的攻擊型為主流。此外還有推出戰車防禦手榴彈等各種類型用於戰場。

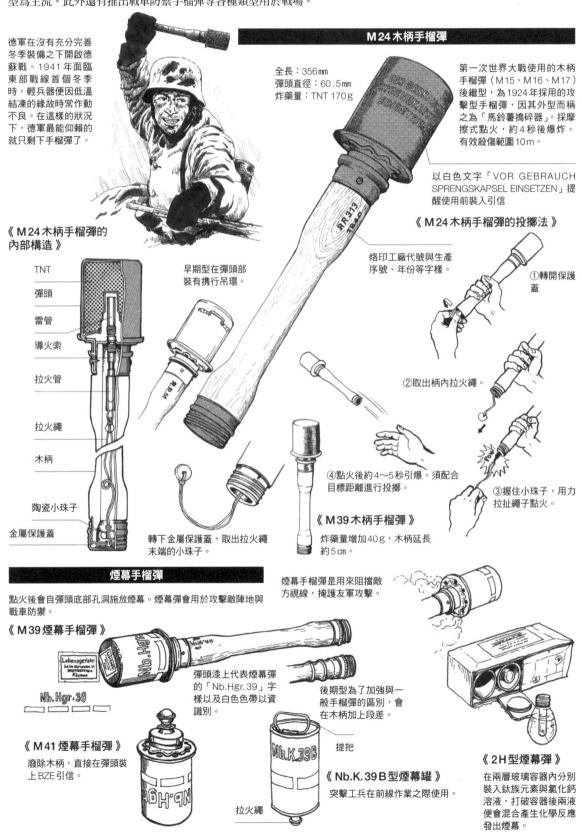

德軍在沒有充分完善冬季裝備之下開啟德蘇戰。1941年面臨東部戰線首個冬季時，輕兵器便因低溫結凍的緣故時常作動不良。在這樣的狀況下，德軍最能仰賴的就只剩下手榴彈了。

M24木柄手榴彈

全長：356mm
彈頭直徑：60.5mm
炸藥量：TNT 170g

第一次世界大戰使用的木柄手榴彈（M15、M16、M17）後繼型，為1924年採用的攻擊型手榴彈，因其外型而稱之為「馬鈴薯搗碎器」。採摩擦式點火，約4秒後爆炸。有效殺傷範圍10m。

以白色文字「VOR GEBRAUCH SPRENGSKAPSEL EINSETZEN」提醒使用前裝入引信。

烙印工廠代號與生產序號、年份等字樣。

《M24木柄手榴彈的內部構造》

TNT
彈頭
雷管
導火索
拉火管
拉火繩
木柄
陶瓷小珠子
金屬保護蓋

早期型在彈頭部裝有携行吊環。

轉下金屬保護蓋，取出拉火繩末端的小珠子。

《M39木柄手榴彈》
炸藥量增加40g，木柄延長約5cm。

④點火後約4～5秒引爆。須配合目標距離進行投擲。

《M24木柄手榴彈的投擲法》

①轉開保護蓋

②取出柄內拉火繩。

③握住小珠子，用力拉扯繩子點火。

煙幕手榴彈

點火後會自彈頭底部孔洞施放煙幕。煙幕彈會用於攻擊敵陣地與戰車防禦。

煙幕手榴彈是用來阻擋敵方視線，掩護友軍攻擊。

《M39煙幕手榴彈》

Nb.Hgr.39

彈頭漆上代表煙幕彈的「Nb.Hgr.39」字樣以及白色色帶以資識別。

後期型為了加強與一般手榴彈的區別，會在木柄加上段差。

《M41煙幕手榴彈》
廢除木柄，直接在彈頭裝上BZE引信。

《Nb.K.39B型煙幕罐》
突擊工兵在前線作業之際使用。

提把

拉火繩

《2H型煙幕彈》
在兩層玻璃容器內分別裝入鈦族元素與氯化鈣溶液，打破容器後兩液便會混合產生化學反應發出煙幕。

《木柄手榴彈的攜行方法》

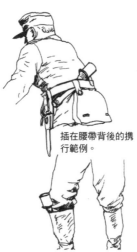

最普遍的攜行方式是插在腰帶上。

插在軍靴裡。

摺疊鏟的套子也可以插入2顆手榴彈。

插在腰帶背後的攜行範例。

第一次世界大戰時期使用的手榴彈攜行袋，左右共可放入10顆手榴彈。

其他手榴彈

《M39手榴彈 早期型》

與M24木柄手榴彈一樣，都是德軍常用的手榴彈。採摩擦式點火，引爆延時4～5秒。

全長：76mm
直徑：50mm
炸藥量：TNT112g

《M39手榴彈 後期型》

為方便攜行，於底部加裝吊環。

《M43木柄手榴彈》

為提高生產性，木柄內部不再挖空，直接於彈頭裝上BZ39引信。

全長：345mm
直徑：67mm
重量：624g
炸藥：TNT165g

BZ39信管

還可以裝上破片套，發揮破片效用。

《投擲訓練用手榴彈》

尺寸與重量皆比照實彈製造。

《尼波利特手榴彈》

直接以具有樹脂強度的尼波利特炸藥製成彈頭並裝上引信的戰時急造手榴彈。

《戰場上的應用範例》

善用手榴彈的破壞力，從事戰車防禦戰鬥等各種攻擊。

《集束手榴彈》

一種戰場急造的戰車防禦武器，以鐵絲將6顆彈頭綁在1顆木柄手榴彈上，對準戰車履帶或引擎艙投擲。

將手榴彈塞入戰車砲管內加以破壞。

為支援迫近攻擊，將煙幕彈掛在砲管上，讓煙幕遮蔽車組人員視線，令戰車停止動作。

於汽油桶綁上手榴彈，丟在戰車引擎艙進行縱火破壞。

以手榴彈摧毀散熱柵門等非裝甲部位，或從開口處塞入車內加以破壞。

工兵部隊會在木板綁上14顆彈頭，當作破壞筒摧毀鐵絲網。

搬運箱為堅固的金屬材質，可裝15顆M24木柄手榴彈或M39煙幕手榴彈及引信。

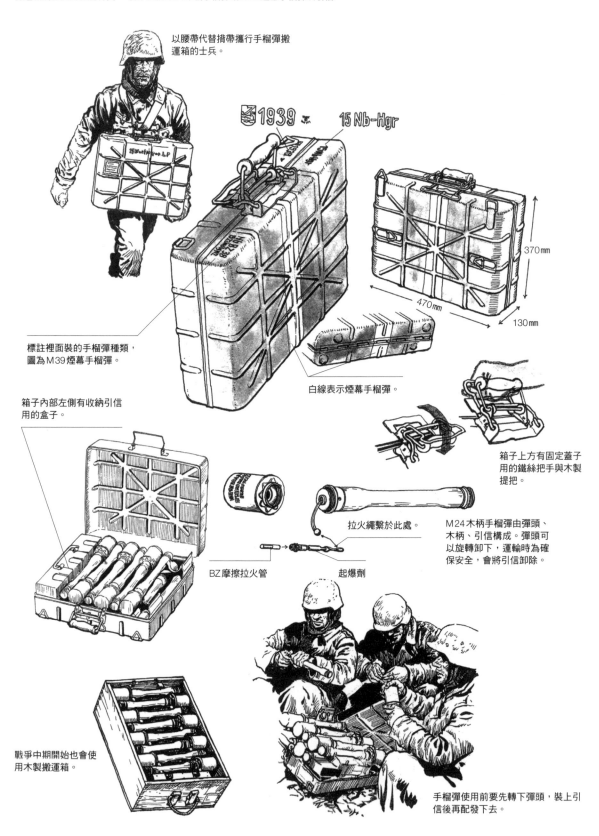

以腰帶代替揹帶攜行手榴彈搬運箱的士兵。

標註裡面裝的手榴彈種類，圖為M39煙幕手榴彈。

1939　15 Nb-Hgr

370mm

470mm

130mm

白線表示煙幕手榴彈。

箱子內部左側有收納引信用的盒子。

箱子上方有固定蓋子用的鐵絲把手與木製提把。

BZ摩擦拉火管　　起爆劑

拉火繩繫於此處。

M24木柄手榴彈由彈頭、木柄、引信構成。彈頭可以旋轉卸下，運輸時為確保安全，會將引信卸除。

戰爭中期開始也會使用木製搬運箱。

手榴彈使用前要先轉下彈頭，裝上引信後再配發下去。

單兵攜行戰車防禦 / 防空武器

德國在第二次世界大戰時期使用的單兵攜行式戰車防禦武器包括鐵拳與戰車殺手，它們可以發射威力強大的成形裝藥彈，是大戰末期的主力步兵反戰車武器。除此之外，大戰末期還有推出步兵可携行的防空火箭筒。

鐵拳

鐵拳與火箭筒不同，是一種透過裝填於發射管內的發射藥將彈頭擊發出去的戰車防禦武器。

《小型鐵拳30》

射程：30m
重量：3.2kg
穿甲能力：140mm

1942年12月首次採用的型號。

《鐵拳30》

射程：30m
重量：5.1kg
穿甲能力：200mm

放大彈頭，加粗發射管，1943年8月採用的型號。

《鐵拳60》

射程：60m
重量：6.1kg
穿甲能力：200mm

改良扳機與瞄準具，射程延長至60m，1944年10月制式採用。

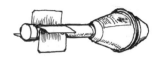

彈頭加裝發射後會展開的馬口鐵彈翅，彈頭本身如同火箭彈，並無推進藥。

《鐵拳150》

射程：150m
重量：7kg
穿甲能力：200mm以上

將原本只能射擊1發的拋棄式發射管改成可以射擊10發的型號。1945年1月制式採用，3月開始生產，有少量配發部隊。

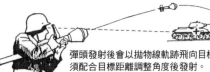

鐵拳的射擊姿勢包括像圖中這樣抱住發射管的姿勢，以及扛在肩膀上射擊的姿勢。

彈頭發射後會以拋物線軌跡飛向目標，因此瞄準時必須配合目標距離調整角度後發射。

防空鐵拳

1945年初開始生產的單兵攜行式防空火箭筒。將9根口徑22mm的發射管束在一起，具備簡易握把、扳機、瞄準具。扣引扳機後會先射出4發，0.2秒後則一口氣射完剩餘5發，可製造大範圍彈幕，藉此損傷敵機。

口徑：22mm
彈藥：火箭彈×9發
射程：有效射程500m、最大射程2,000m
全長：1,318mm
重量：9.1kg（火箭彈裝填時）

戰車殺手

〔RPzB.Gr.4322〕
RPzB43用戰防火箭彈。命中角90°時可貫穿230mm厚裝甲板，60°時可貫穿160mm厚裝甲板。

《RPzB43》

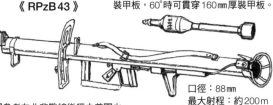

口徑：88mm
最大射程：約200m
全長：1,640mm
重量：9.29kg

德軍參考在北非戰線繳獲之美軍火箭筒研製而成的戰車防禦武器。1943年2月制式採用。

最早推出的RPzB43在使用時為了保護射手不被火箭彈發射尾焰燒傷，必須戴上防護面具保護臉部。

為保護射手不被火箭彈尾焰燒傷，有加裝防盾。重量11kg。1944年還有推出將全長縮短約30cm、重量減輕至9.5kg的RPzB54/1（使用最大射程200m的RPzBGr.4992火箭彈）。

《RPzB54》

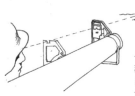

使用火藥推進的火箭彈，由於推進藥的燃燒速度會因氣溫產生變化，因此備有夏季用與冬季用2種類別。發射器的準星也須配合火箭彈種類進行調整。

噴火器

德軍基於第一次世界大戰經驗，認為噴火器頗具效用，對其相當重視。第二次世界大戰時期則致力減輕攜帶式噴火器的重量與尺寸，陸續研改推出許多款式。

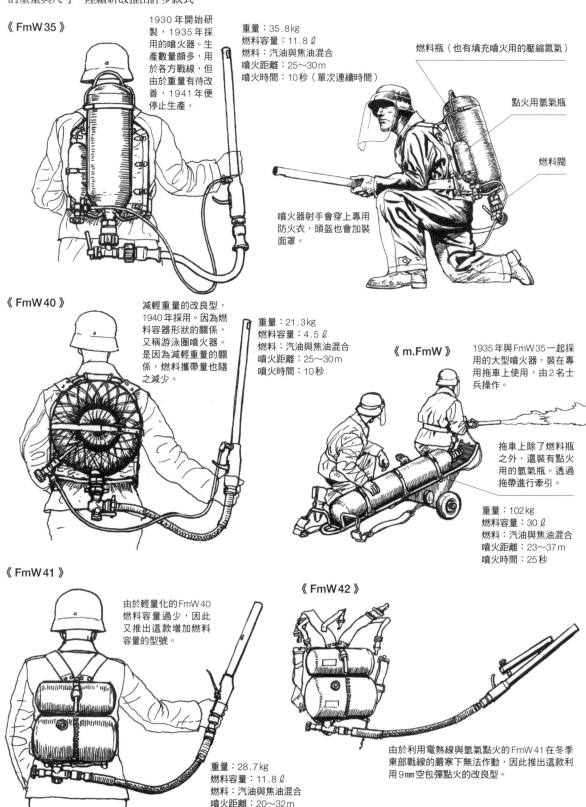

《FmW 35》

1930 年開始研製，1935 年採用的噴火器。生產數量頗多，用於各方戰線，但由於重量有待改善，1941 年便停止生產。

重量：35.8kg
燃料容量：11.8ℓ
燃料：汽油與焦油混合
噴火距離：25～30m
噴火時間：10秒（單次連續時間）

燃料瓶（也有填充噴火用的壓縮氮氣）

點火用氫氣瓶

燃料閥

噴火器射手會穿上專用防火衣，頭盔也會加裝面罩。

《FmW 40》

減輕重量的改良型，1940 年採用。因為燃料容器形狀的關係，又稱游泳圈噴火器。是因為減輕重量的關係，燃料攜帶量也隨之減少。

重量：21.3kg
燃料容量：4.5ℓ
燃料：汽油與焦油混合
噴火距離：25～30m
噴火時間：10秒

《m.FmW》

1935 年與 FmW 35 一起採用的大型噴火器，裝在專用拖車上使用，由 2 名士兵操作。

拖車上除了燃料瓶之外，還裝有點火用的氫氣瓶。透過拖帶進行牽引。

重量：102kg
燃料容量：30ℓ
燃料：汽油與焦油混合
噴火距離：23～37m
噴火時間：25秒

《FmW 41》

由於輕量化的 FmW 40 燃料容量過少，因此又推出這款增加燃料容量的型號。

《FmW 42》

由於利用電熱線與氫氣點火的 FmW 41 在冬季東部戰線的嚴寒下無法作動，因此推出這款利用 9mm 空包彈點火的改良型。

重量：28.7kg
燃料容量：11.8ℓ
燃料：汽油與焦油混合
噴火距離：20～32m
噴火時間：10秒

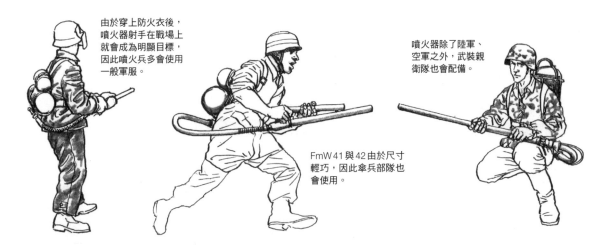

由於穿上防火衣後，噴火器射手在戰場上就會成為明顯目標，因此噴火兵多會使用一般軍服。

噴火器除了陸軍、空軍之外，武裝親衛隊也會配備。

FmW 41 與 42 由於尺寸輕巧，因此傘兵部隊也會使用。

《 FmW 46 》

重量：2.9kg
最大噴火距離：27m

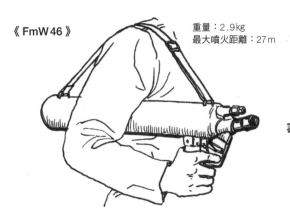

1944 年採用。為傘兵部隊研製的小型攜帶式噴火器。據說大戰末期建立的反盟軍游擊隊「人狼部隊」也有配備。

《 噴嘴 》

〔FmW 35〕
自噴嘴噴出氫氣後點火，扣引扳機則會噴出燃料並著火。

燃料軟管　　　氫氣軟管

FmW 46 是可以揹在肩膀上使用的輕巧型，但噴火時間僅有短短數秒。

〔FmW 41〕
點火方式為利用噴嘴內的電熱線點燃氫氣。

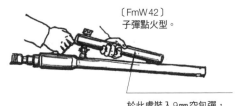

〔FmW 42〕
子彈點火型。

於此處裝入 9mm 空包彈，擊發後點著燃料。

以噴火器發動攻擊時，必須跟隨護衛人員以防敵方反擊。

地雷

德軍在北非戰線與東部戰線等防衛戰中，曾大量埋設戰車防禦／人員殺傷地雷，進行有效活用。為了增加地雷偵測難度，還有製造以木材、玻璃、合成纖維樹脂取代金屬外殼的地雷。

戰防雷

《 T.Mi.29 》

1929 年採用的戰車防禦地雷，1931 年開始配賦陸軍使用。頂部裝有3個Z.D.Z.29感壓引信（作動壓力45～125kg）。

全高：180mm
直徑：250mm
重量：6kg
炸藥：TNT 4.5kg

《 T.Mi.35 》

T.Mi.29之後採用的戰車防禦地雷。為了能埋設於海岸、河灘、水中，引管有經過防水加工。作動壓力90～180kg。

全高：76mm
直徑：318mm
重量：9.1kg
炸藥：TNT 5.5kg

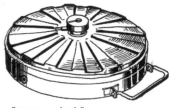

《 T.Mi.35（S）》

T.Mi.35的後期型。為了防止覆蓋地雷的沙土飛散，地雷頂面以沖壓加工做出凹凸紋路。

《 T.Mi.42 》

改良自T.Mi.35的戰車防禦地雷，引信比之前的地雷小，並增加爆震效果。引信作動壓力為100～180kg。

全高：102mm
直徑：324mm
重量：9.1kg
炸藥量：TNT 5.5kg
或TNT混合阿馬托

《 T.Mi.43 》

具備大型感壓板的戰車防禦地雷。為簡化T.Mi.42製造工程的型號。因為形狀的關係，又被稱作「蘑菇地雷」。

全高：102mm
直徑：318mm
重量：8.1kg
炸藥量：TNT 5.5kg、TNT混合阿馬托

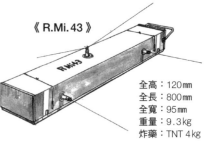

《 R.Mi.43 》

全高：120mm
全長：800mm
全寬：95mm
重量：9.3kg
炸藥：TNT 4kg

棒狀戰防雷。於地雷中央施加360kg壓力或兩端施加180kg壓力便會引爆。另外也有採用改良引信系統的R.Mi.44。

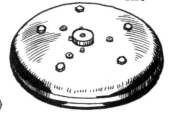

《 le.Pz.Mi. 》

為傘兵部隊設計，可利用降落傘空投的輕型戰防雷。若移除地雷上方的栓子，也能當作人員殺傷雷使用。最低感壓重量為4.5kg。

全高：57mm
直徑：260
重量：4kg
炸藥：TNT 2kg

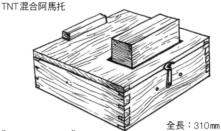

《 HO.Iz.Mi.42 》

為彌補地雷生產數量不足，以木材製成殼體的戰車防禦地雷。

全長：310mm
全高：120mm
重量：8.2kg
炸藥：TNT或阿馬托5kg
全寬：310mm

《 Pz.Sch.Mi. 》

木製戰車防禦地雷，依引信種類分為A型與B型。改用木材外殼除了可節省金屬材料，也能避免磁氣地雷偵測器起反應。但由於它的引信與提把仍為金屬材質，因此無法完全消除反應。

全長：527mm
全高：330mm
炸藥：苦味酸
重量7.25kg

《 To.Mi.A 4531 鍋型地雷A 》

被稱為鍋型地雷（Topfmine）的戰防雷，外殼使用合成樹脂或木漿壓縮成形材料，以避免觸發地雷偵測器，螺絲則以玻璃製成。另有不同尺寸的B與C型。

全重：9.5kg
直徑：330mm
炸藥：TNT 5.6kg

德軍在埋設地雷時，為避免被敵發現並增加排除難度，會將兩顆地雷加疊埋設，或利用空罐誤導偵測器、搭配人員殺傷雷設置詭雷等，手法相當多樣。

德軍的戰防雷除了在本體裝設感壓引信，還會連結其他引信，藉此增加敵軍排雷難度。埋設時會在地雷側面或底部加裝引信，若排雷人員在無察覺下取出地雷，加裝的引信便會作動引爆地雷。

德軍的戰車防禦地雷除了可以埋設，還能用於戰車肉搏攻擊。

人員殺傷雷

《S.Mi.35》

盟軍稱其為「S地雷」或「跳躍貝蒂」，是一種恐怖的彈跳式人員殺傷雷。觸發後會從地下往上彈跳1.2m，並於空中爆炸。

全高：127mm
直徑：102mm
重量：4.1kg
炸藥：TNT 182g

《S.Mi.44》

改良自S.Mi.35的簡易量產型。增加鋼珠數量，並將引信自圓筒中央移至邊緣。

全高：220mm
直徑：102mm
重量：5kg
炸藥：TNT 450g

S地雷的引信作動後，彈體就會彈飛而出，並爆炸撒出大約350顆鋼珠或顆粒，殺傷半徑約10m範圍內的人員。除了踩到地雷的人，周圍人員也會蒙受損傷。引信包括壓發式、拉發式、電力式，也能用來設置詭雷。

《A200》

透過引信內部的藥品產生化學反應引爆的人員殺傷雷。

全長：90mm
直徑：64mm
重量：354g

《玻璃地雷43》

玻璃製成的人員殺傷雷。早期型使用雷管式引信，後期型則在玻璃安瓿內裝硫酸，以化學反應觸發。

全高：15cm
直徑：11cm
炸藥：TNT 200g

《Ez44》

配備延時點火裝置的小型地雷。能與戰防雷相互組合運用，設置為詭雷。

《反步兵地雷42》

小型木製人員殺傷雷。除了埋設於地面，也能用來設置各種詭雷。

全長：127mm
全高：50mm
全寬：57mm
重量：500g
炸藥：TNT 200g

德軍的步兵部隊編成

∏德國陸軍的步槍班在第二次世界大戰結束前曾歷經數次改編，不同年代的構成人數會有差異。第二次世界大戰開戰時，每班是由13員構成，波蘭戰役結束後，每班則改編為10員，且1個排下轄的班數也從3個班增加為4個班。1944年時，班兵人數減為9員，後來因為戰況持續惡化，戰爭結束前班兵又減至8員。

步槍班是由中士班長執掌指揮。

《班制編成　1940～1943年》

〔班長〕　〔機槍手〕　├〔彈藥手〕┤　├――――〔步槍兵〕――――┤　〔副班長〕

裝甲擲彈兵

「裝甲擲彈兵」是指搭乘裝甲人員運輸車的步兵，為伴隨裝甲部隊（戰車部隊）行動、執行機動作戰的部隊。當初原本稱為機械化步兵，1943年部隊改編時改稱裝甲擲彈兵。

駕駛手　車長

班長　機槍手　擲彈兵（步槍兵）　副班長

《班制編成》

每個班的編成包括班長1員與士兵9員，合計10員。人數與步槍班（步兵班）相同，但卻配備2挺機槍。移動時會搭乘Sd.Kfz.251裝甲運兵車，車長與駕駛手隸屬車輛部隊，不算班隊成員。

〔Sd.Kfz.251〕
裝甲擲彈兵移動時搭乘的Sd.Kfz.251系列，是第二次世界大戰之前研製的半履帶式裝甲運兵車，有A/B/C/D共4種衍生型。

〔駕駛手〕
除了駕車，也負責自車內警戒車輛前方與左側。運兵車因為構造的緣故，視野相當受限，右側警戒須由車長分擔。

〔擲彈兵〕
步兵於1943年改稱為「擲彈兵」。使用Kar98k步槍與大戰末期的StG44突擊步槍。

〔班長〕
攜行MP40衝鋒槍或StG44突擊步槍。

〔機槍手〕
會取下背後的MG34或MG42機槍下車戰鬥。

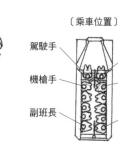

〔乘車位置〕

駕駛手　車長
機槍手　班長
副班長　機槍手

德軍的MG34與MG42機槍，會由隸屬步槍班的輕機槍伍與隸屬重機槍排的重機槍伍分別運用。

《步槍連編成　1944年》

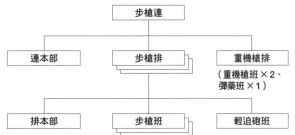

步槍排在1939年之前是由3個班編成，1940年改由4個班編成。1943年大規模改編之後，步槍排又改回3個步槍班編制。

輕機槍伍

輕機槍伍是由步槍班的班長指揮，由射手、裝填手、彈藥手共4員編成。機槍彈藥通常會以彈鏈盒搬運，作戰時為了能迅速行動、補給，除了會使用彈鼓，有時射手也會直接把彈鏈掛在脖子上。

〔班長〕
配賦MP38或MP40衝鋒槍。

〔射手〕
配賦MG34或MG42與手槍。

〔裝填手〕
配賦Kar98k步槍。

〔彈藥手〕
配賦Kar98k步槍。

重機槍班

重機槍班由2個班編成1個排，為步槍排提供火力支援。除機槍外，還有配賦腳架，因此每班由5員構成，由裝填手負責搬運腳架。

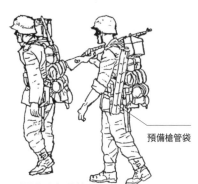

〔指揮官〕
配賦MP38或MP40衝鋒槍。

〔射手〕
配賦MG34或MG42與手槍。

〔裝填手〕
配賦手槍。

〔彈藥手（2員）〕
配賦Kar98k步槍。

輕機槍伍

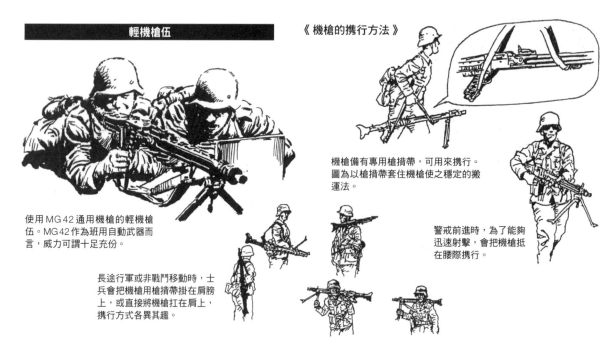

使用 MG42 通用機槍的輕機槍伍。MG42 作為班用自動武器而言，威力可謂十足充份。

長途行軍或非戰鬥移動時，士兵會把機槍用槍揹帶掛在肩膀上，或直接將機槍扛在肩上，携行方式各異其趣。

《 機槍的携行方法 》

機槍備有專用槍揹帶，可用來携行。圖為以槍揹帶套住機槍使之穩定的搬運法。

警戒前進時，為了能夠迅速射擊，會把機槍抵在腰際携行。

重機槍伍

把機槍裝在腳架上便能穩定射擊，對於遠距離目標也有辦法精準射擊。

《 42式腳架的使用法 》

在這種射手姿勢較高的情況下，須堆起沙包，或利用地形等物掩蔽機槍與射手。

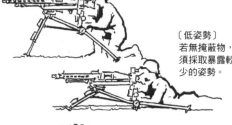

〔低姿勢〕
若無掩蔽物，須採取暴露較少的姿勢。

〔最低姿勢〕
摺疊後腳，進一步降低射擊姿勢。

〔壕溝設置姿勢〕
配合壕溝形狀與深度，調整腳架設置角度。

〔最高姿勢〕
腳架的最高射擊姿勢。

《 腳架的搬運 》

戰鬥時若要配合情況變化移動機槍，須按指揮官指示行動。MG42 與 42式腳架合計重量為 32 kg。

〔以2員搬運〕

〔以3員搬運〕

《 機槍壕 》

機槍除了發揮攻擊力外，機槍伍也得挖掘防禦力高的掩蔽壕。特別是在防衛作戰時最為有效，可以此為據點以逸待勞攻擊敵軍。

〔平面圖〕

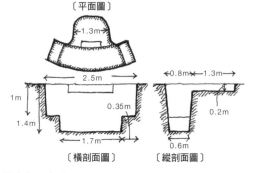

1.3m

2.5m

0.35m

1m

1.4m

1.7m

〔橫剖面圖〕

←0.8m→←1.3m→

0.2m

0.6m

〔縱剖面圖〕

機槍壕種類繁多，從簡易式到掩蔽式都有，各種類別會依教範指示挖掘。

日軍

日本創立國家軍隊後，
為取代幕末自歐美進口的舊式步槍，
開始自行研製國產輕兵器，發展新型步槍。
維新過後10年的明治13年（1880年），
自製軍用步槍終於誕生。
此後除了步槍之外，
手槍、機槍等輕兵器也都有借助海外技術，
由日本發展出獨自型號。

手槍

日本的軍用手槍是從二十六年式手槍開始自製化。除了自製品之外，軍官也會購買各種歐美進口的自動手槍，作為個人武器使用。

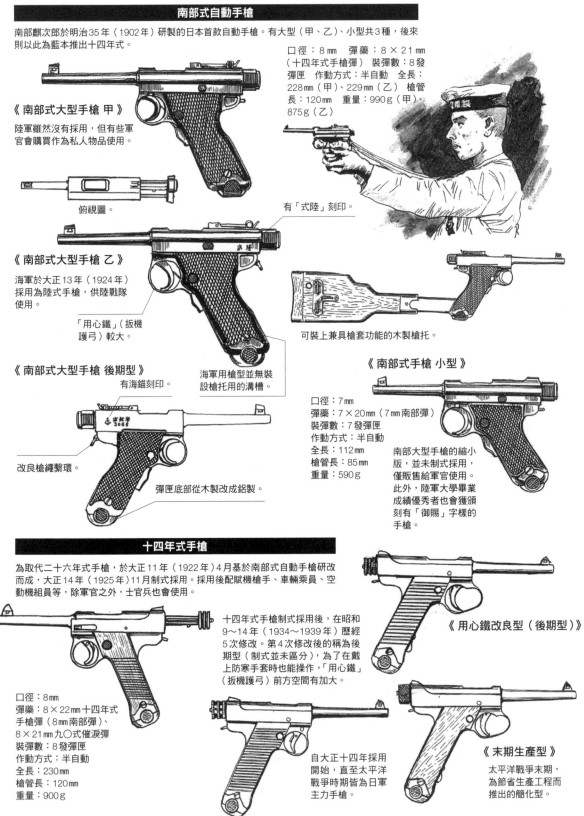

南部式自動手槍

南部麒次郎於明治35年（1902年）研製的日本首款自動手槍。有大型（甲、乙）、小型共3種，後來則以此為藍本推出十四年式。

口徑：8mm　彈藥：8×21mm（十四年式手槍彈）裝彈數：8發彈匣　作動方式：半自動　全長：228mm（甲）、229mm（乙）　槍管長：120mm　重量：990g（甲）、875g（乙）

《南部式大型手槍 甲》

陸軍雖然沒有採用，但有些軍官會購買作為私人物品使用。

俯視圖。

有「式陸」刻印。

《南部式大型手槍 乙》

海軍於大正13年（1924年）採用為陸式手槍，供陸戰隊使用。

「用心鐵」（扳機護弓）較大。

可裝上兼具槍套功能的木製槍托。

《南部式大型手槍 後期型》

有海錨刻印。

改良槍繩繫環。

海軍用槍型並無裝設槍托用的溝槽。

彈匣底部從木製改成鋁製。

《南部式手槍 小型》

口徑：7mm
彈藥：7×20mm（7mm南部彈）
裝彈數：7發彈匣
作動方式：半自動
全長：112mm
槍管長：85mm
重量：590g

南部大型手槍的縮小版，並未制式採用，僅販售給軍官使用。此外，陸軍大學畢業成績優秀者也會獲頒刻有「御賜」字樣的手槍。

十四年式手槍

為取代二十六年式手槍，於大正11年（1922年）4月基於南部式自動手槍研改而成，大正14年（1925年）11月制式採用。採用後配賦機槍手、車輛乘員、空勤機組員等，除軍官之外，士官兵也會使用。

十四年式手槍制式採用後，在昭和9～14年（1934～1939年）歷經5次修改。第4次修改後的稱為後期型（制式並未區分），為了在戴上防寒手套時也能操作，「用心鐵」（扳機護弓）前方空間有加大。

《用心鐵改良型（後期型）》

口徑：8mm
彈藥：8×22mm十四年式手槍彈（8mm南部彈）、8×21mm九〇式催淚彈
裝彈數：8發彈匣
作動方式：半自動
全長：230mm
槍管長：120mm
重量：900g

自大正十四年採用開始，直至太平洋戰爭時期皆為日軍主力手槍。

《末期生產型》

太平洋戰爭末期，為節省生產工程而推出的簡化型。

其他自製手槍

《二十六年式手槍》

口徑：9mm
彈藥：9×22mmR（二十六年式手槍彈）
裝彈數：6發
作動方式：雙動式
全長：230mm
槍管長：120mm
重量：927g

日本首款自製手槍，明治27年（1894年）制式採用的中折式雙動型。大正14年結束生產，但仍持續使用至太平洋戰爭。

《九四式手槍》

軍官用小型手槍，昭和9年（1934年）準制式化。

口徑：8mm
彈藥：8×22mm（十四年式手槍彈）
裝彈數：6發彈匣
作動方式：半自動
全長：187mm
槍管長：95mm
重量：720g

《九四式手槍後期型》

昭和18年（1943年）為提高生產性，簡化零件精修程序，並將部份握把換成木製。

口徑：7.65mm
彈藥：7.65×17mm（.32ACP彈）
裝彈數：9發彈匣
作動方式：半自動
全長：165mm
槍管長：90mm
重量：650g

太平洋戰爭開戰前夕，為取代進口困難的歐美製品而自製化。昭和16年（1941年）開始生產，售予軍官使用。以設計者浜田文治之名稱為「浜田式」。

《一式手槍》

《二式手槍》

《杉浦式手槍》

以柯特口袋型M1903為基礎，據說是於中國生產、進口的半自動手槍。

口徑7.65mm
彈藥：7.65×17mm（.32ACP彈）
裝彈數：8發彈匣
作動方式：半自動
槍管長：101mm

讓一式手槍比照十四年式與九四年式使用8mm彈的改良版。昭和18年（1943年）由陸軍制式採用。

口徑：8mm
彈藥：8×22mm（十四年式手槍彈）
裝彈數：6發彈匣
作動方式：半自動
全長：176.5mm
槍管長：94.5mm
重量：750g

《稻垣式手槍》

稻垣岩吉設計、生產的小型手槍。據說日本海軍軍官有使用。

口徑：7.65mm
彈藥：7.65×17mm（.32ACP彈）
裝彈數：8發彈匣
作動方式：半自動
全長：165mm
槍管長：72mm
重量：652g

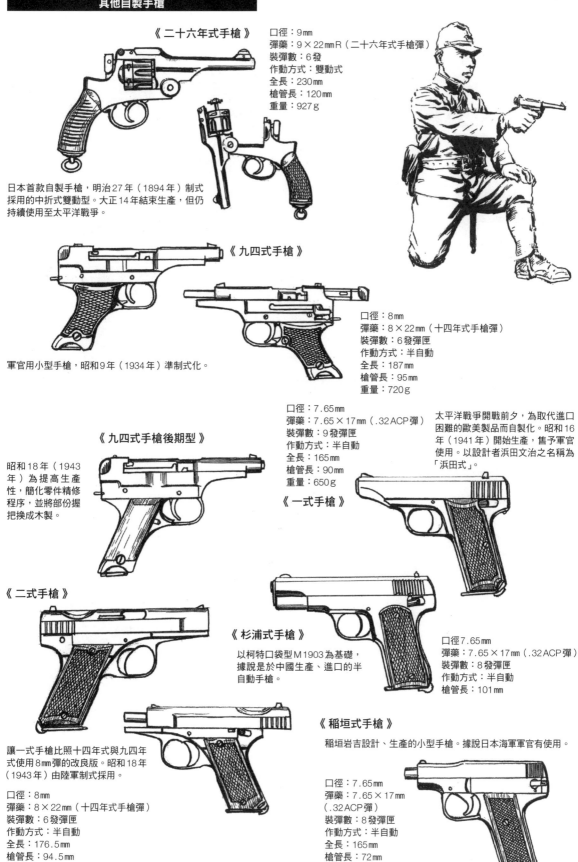

進口手槍

陸海軍軍官配備的手槍，原則上都是私人物品，因此也會有歐美舶來品。

《白朗寧M1910（比利時）》

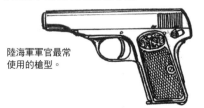

陸海軍軍官最常
使用的槍型。

《柯特M1903（美國）》

與白朗寧M1910同
樣受軍官喜愛。

《毛瑟M1914（德國）》

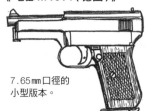

7.65mm口徑的
小型版本。

《華瑟4型（德國）》

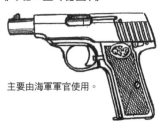

主要由海軍軍官使用。

《威百利＆斯科特M1905（英國）》

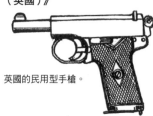

英國的民用型手槍。

《紅寶石超大型（西班牙）》

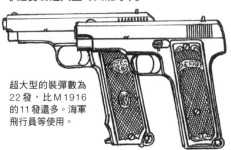

超大型的裝彈數為
22發，比M1916
的11發還多。海軍
飛行員等使用。

《阿斯特拉M1916（西班牙）》

信號槍

日軍的信號槍在陸海軍會使用不同槍型，且陸軍口徑為35mm，海軍為28mm。

《十年式信號槍》

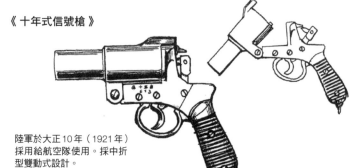

陸軍於大正10年（1921年）
採用給航空隊使用。採中折
型雙動式設計。

《九七式信號槍》

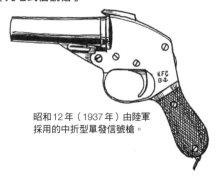

昭和12年（1937年）由陸軍
採用的中折型單發信號槍。

《九〇式信號槍》

海軍於昭和4年（1929年）
採用的水平雙管型信號槍。

《九〇式信號槍》

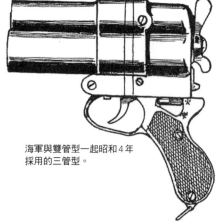

海軍與雙管型一起昭和4年
採用的三管型。

《雙管信號槍》

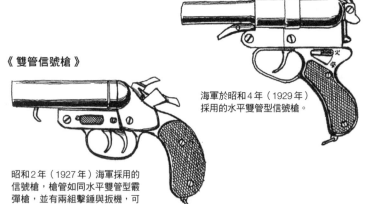

昭和2年（1927年）海軍採用的
信號槍，槍管如同水平雙管型霰
彈槍，並有兩組擊錘與扳機，可
左右分別射擊。

步槍

日本自製軍用步槍的歷史，始於明治13年（1880年）採用的十三年式。之後採用的三八式步槍與九九式步槍則是日軍在太平洋戰爭時期的主力步槍。

三十年式/三十五年式/三八式步槍與衍生型

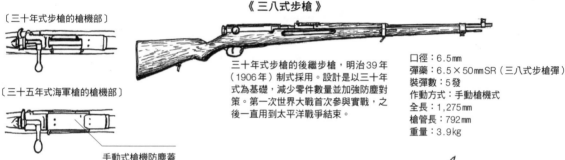

《三十年式步槍》

日俄戰爭時的主力步槍，採用三八式步槍後陸續淘汰，太平洋戰爭期間除軍隊外也配賦各種學校當作教練槍使用。

手動式防塵蓋　　扇轉式照門

《三十五年式海軍槍》

三十年式步槍的改良型，明治35年（1902年）由海軍制式採用。

〔三十年式步槍的槍機部〕

〔三十五年式海軍槍的槍機部〕

手動式槍機防塵蓋

《三八式步槍》

三十年式步槍的後繼步槍，明治39年（1906年）制式採用。設計是以三十年式為基礎，減少零件數量並加強防塵對策。第一次世界大戰首次參與實戰，之後一直用到太平洋戰爭結束。

口徑：6.5mm
彈藥：6.5×50mmSR（三八式步槍彈）
裝彈數：5發
作動方式：手動槍機式
全長：1,275mm
槍管長：792mm
重量：3.9kg

《三八式短步槍》

縮短槍管，使用上較為靈活。

《三八式騎兵槍》

除騎兵部隊外，砲兵與輜重等騎乘馬匹的部隊也會使用。
全長：965mm　槍管長：480mm　重量：3.25kg

《四四式騎槍（四四式騎兵槍）》

改造自三八式步槍，供騎兵部隊使用。附摺疊式刺刀。

口徑：6.5mm
彈藥：6.5×50mmSR（三八式步槍彈）
裝彈數：5發
作動方式：手動槍機式
全長：955mm（上刺刀後1,309mm）
槍管長：419mm
重量：3.9kg

〔三八式步槍的槍機部〕

〔三八式騎兵槍的槍機部〕

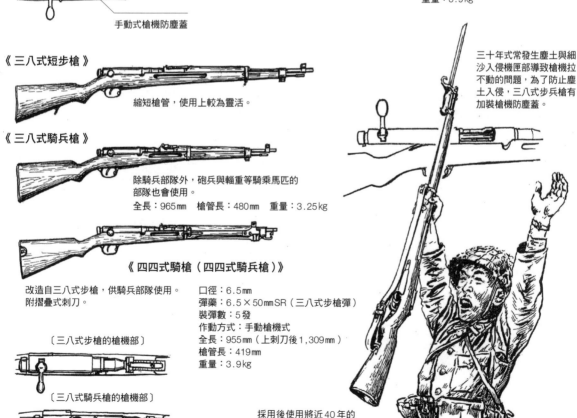

三十年式常發生塵土與細沙入侵機匣部導致槍機拉不動的問題，為了防止塵土入侵，三八式步兵槍有加裝槍機防塵蓋。

採用後使用將近40年的三八式步槍，可說是最能象徵日軍的步槍。

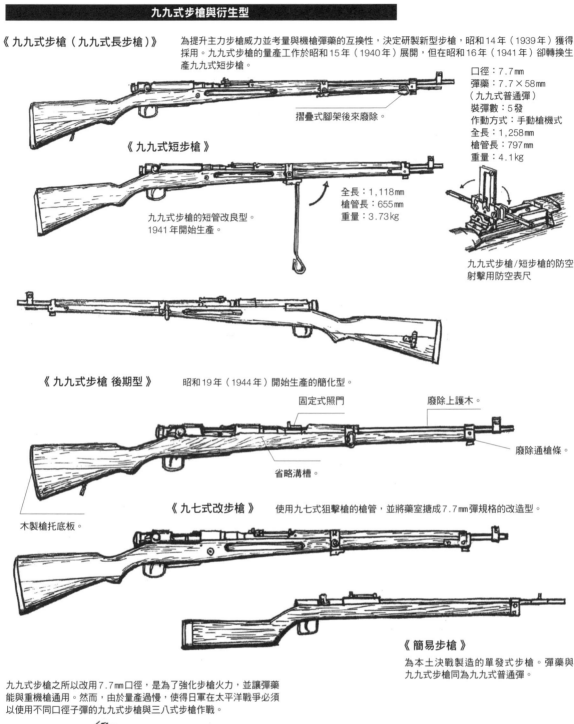

《九九式步槍（九九式長步槍）》

為提升主力步槍威力並考量與機槍彈藥的互換性，決定研製新型步槍，昭和14年（1939年）獲得採用。九九式步槍的量產工作於昭和15年（1940年）展開，但在昭和16年（1941年）卻轉換生產九九式短步槍。

口徑：7.7mm
彈藥：7.7×58mm
（九九式普通彈）
裝彈數：5發
作動方式：手動槍機式
全長：1,258mm
槍管長：797mm
重量：4.1kg

摺疊式腳架後來廢除。

《九九式短步槍》

九九式步槍的短管改良型。
1941年開始生產。

全長：1,118mm
槍管長：655mm
重量：3.73kg

九九式步槍/短步槍的防空
射擊用防空表尺

《九九式步槍 後期型》

昭和19年（1944年）開始生產的簡化型。

固定式照門

廢除上護木。

省略溝槽。

廢除通槍條。

木製槍托底板。

《九七式改步槍》

使用九七式狙擊槍的槍管，並將藥室搪成7.7mm彈規格的改造型。

《簡易步槍》

為本土決戰製造的單發式步槍。彈藥與
九九式步槍同為九九式普通彈。

九九式步槍之所以改用7.7mm口徑，是為了強化步槍火力，並讓彈藥
能與重機槍通用。然而，由於量產過慢，使得日軍在太平洋戰爭必須
以使用不同口徑子彈的九九式步槍與三八式步槍作戰。

《試製一〇〇式步槍》

以九九式步槍為基礎試製的步槍。為了讓挺進聯隊（傘兵部隊）隊員在跳傘時能直接携行，可以前後分解。

《二式步槍（二式Tera）》

制式採用的傘兵槍型。Tera為「挺進落下傘」的簡稱。性能與構造皆與九九式步槍相同。

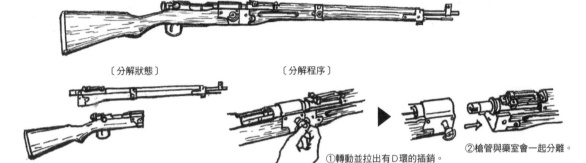

〔分解狀態〕　　〔分解程序〕

①轉動並拉出有D環的插銷。

②槍管與藥室會一起分離。

《伊式步槍（義大利式）》

為紀念日德義三國簽訂防共協定，向義大利訂購的步槍。昭和15年（1940年）準採用，供海軍與民間做為教練槍。

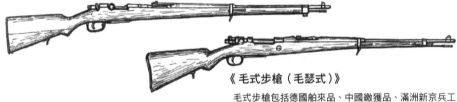

《毛式步槍（毛瑟式）》

毛式步槍包括德國舶來品、中國繳獲品、滿洲新京兵工廠及日本小倉工廠的生產品。滿洲生產的毛式步槍會配賦當地滿洲國軍使用。小倉與新京造毛式步槍也有外銷至暹羅王國（泰國）。

《四式步槍》

海軍繳獲後，於日本進行仿製的M1步槍。戰爭結束後，美軍曾於日本國內繳獲。

口徑：7.7mm
彈藥：7.7×58mm（九九式普通彈）或7.7×56mmR（.303英式彈）
作動方式：半自動
裝彈數：10發
全長：1,100mm
槍管長：590mm
重量：4.14kg

《九七式狙擊槍》

以三八式步槍為基礎製造的狙擊槍。

九七式狙擊鏡（倍率2.5倍）

摺疊式腳架

《九九式狙擊槍》

從生產線上挑選精度較佳的槍，自昭和18年（1943年）開始製造。狙擊鏡有2.5倍與4倍兩種。

槍機拉柄改成彎曲型，以免操作時干涉瞄準鏡。

《三八式改狙擊槍》

自現有三八式步槍中挑選精準度較佳的個體，調校後修改為狙擊槍。

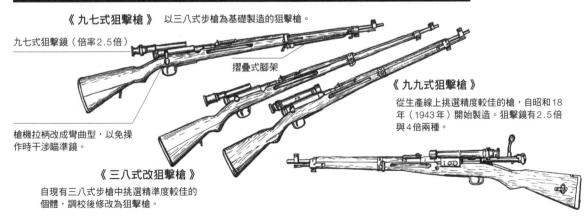

衝鋒槍

衝鋒槍在日文一般會稱作「短機關槍」，但舊日軍使用的制式名稱卻是「機關短槍」。日本陸軍對於衝鋒槍的研製起步較慢，要到昭和時代才開始著手。然而，陸軍對衝鋒槍卻興趣缺缺，雖有繼續研發，但進度相當遲緩，要到昭和16年（1941年）才推出制式化的自製衝鋒槍。

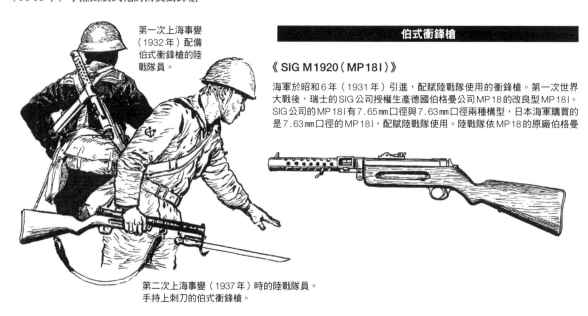

第一次上海事變（1932年）配備伯式衝鋒槍的陸戰隊員。

第二次上海事變（1937年）時的陸戰隊員。手持上刺刀的伯式衝鋒槍。

伯式衝鋒槍

《SIG M1920（MP18I）》

海軍於昭和6年（1931年）引進，配賦陸戰隊使用的衝鋒槍。第一次世界大戰後，瑞士的SIG公司授權生產德國伯格曼公司MP18的改良型MP18I。SIG公司的MP18I有7.65mm口徑與7.63mm口徑兩種構型，日本海軍購買的是7.63mm口徑的MP18I，配賦陸戰隊使用。陸戰隊依MP18的原廠伯格曼

《附刺刀座的SIG M1920（MP18I）》

自瑞士進口後加裝刺刀座。

一〇〇式衝鋒槍

照門可調整。

《一〇〇式衝鋒槍 前期型》

衝鋒槍的研製工作始於昭和2年（1927年），昭和16年採用為一〇〇式衝鋒槍。該型衝鋒槍是日軍唯一一款制式採用的自製衝鋒槍，有前期型、後期型、挺進部隊用3種。

口徑：8mm　彈藥：8×22mm（十四年式手槍彈）　裝彈數：30發彎曲彈匣　作動方式：全自動　全長：850mm（前期型）、900mm（後期型）　槍管長：230mm（前期型）、235mm（後期型）　重量：3.3kg（前期型）、3.8kg（後期型）　射速：450發/分（前期型）、700～800發/分（後期型）

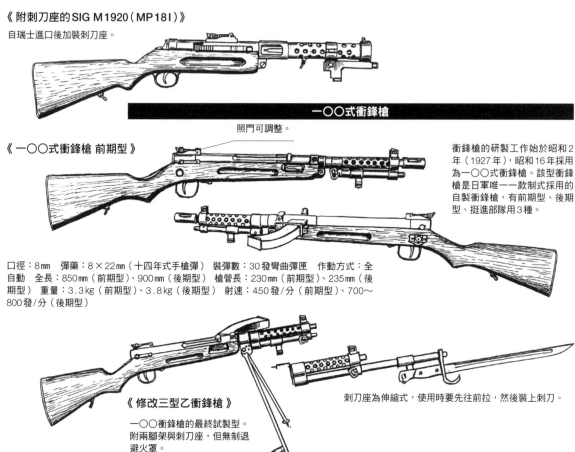

《修改三型乙衝鋒槍》

一〇〇衝鋒槍的最終試製型。附兩腳架與刺刀座，但無制退避火罩。

刺刀座為伸縮式，使用時要先往前拉，然後裝上刺刀。

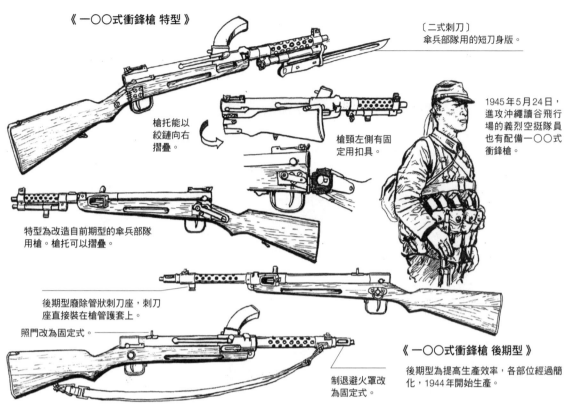

《一〇〇式衝鋒槍 特型》

〔二式刺刀〕
傘兵部隊用的短刀身版。

槍托能以絞鏈向右摺疊。

槍頸左側有固定用扣具。

1945年5月24日，進攻沖繩讀谷飛行場的義烈空挺隊員也有配備一〇〇式衝鋒槍。

特型為改造自前期型的傘兵部隊用槍。槍托可以摺疊。

後期型廢除管狀刺刀座，刺刀座直接裝在槍管護套上。

照門改為固定式。

制退避火罩改為固定式。

《一〇〇式衝鋒槍 後期型》

後期型為提高生產效率，各部位經過簡化，1944年開始生產。

試製衝鋒槍

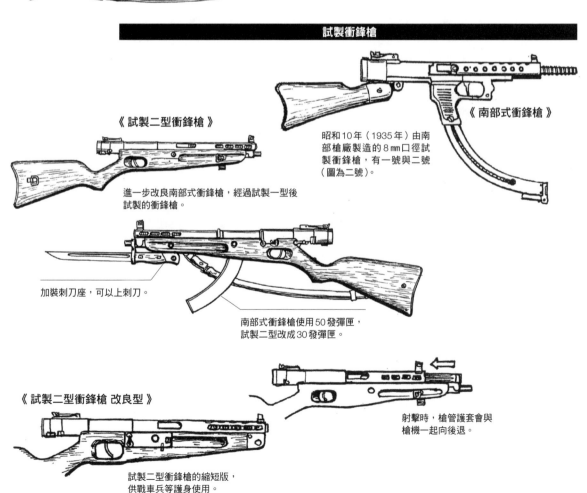

《試製二型衝鋒槍》

《南部式衝鋒槍》

昭和10年（1935年）由南部槍廠製造的8mm口徑試製衝鋒槍，有一號與二號（圖為二號）。

進一步改良南部式衝鋒槍，經過試製一型後試製的衝鋒槍。

加裝刺刀座，可以上刺刀。

南部式衝鋒槍使用50發彈匣，試製二型改成30發彈匣。

《試製二型衝鋒槍 改良型》

射擊時，槍管護套會與槍機一起向後退。

試製二型衝鋒槍的縮短版，供戰車兵等護身使用。

機槍

日本陸軍在國內生產機槍，始於甲午戰爭時期製造的馬式機關砲。之後累積保式機關砲、三八式機槍的生產經驗，並自海外引進技術，陸續推出各型自製輕、重機槍。

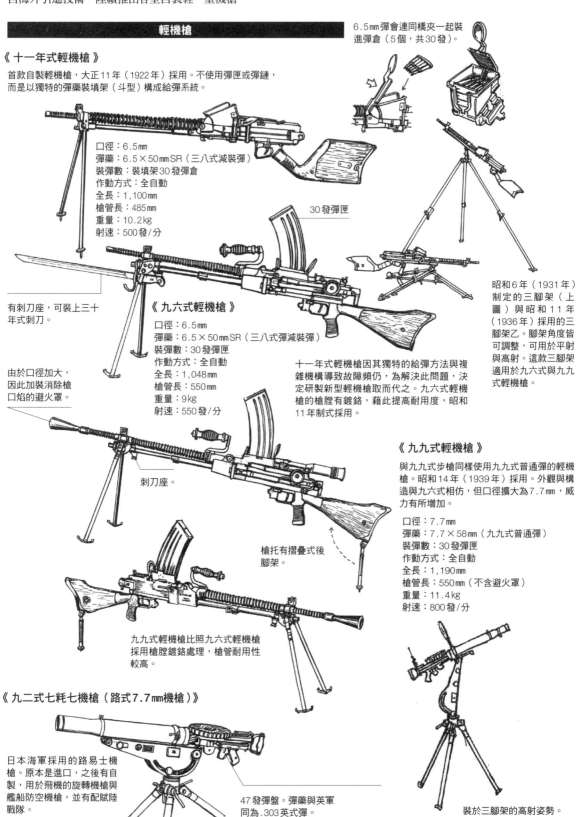

輕機槍

6.5mm彈會連同橋夾一起裝進彈倉（5個，共30發）。

《十一年式輕機槍》

首款自製輕機槍，大正11年（1922年）採用。不使用彈匣或彈鏈，而是以獨特的彈藥裝填架（斗型）構成給彈系統。

口徑：6.5mm
彈藥：6.5×50mmSR（三八式減裝彈）
裝彈數：裝填架30發彈倉
作動方式：全自動
全長：1,100mm
槍管長：485mm
重量：10.2kg
射速：500發/分

30發彈匣

有刺刀座，可裝上三十年式刺刀。

昭和6年（1931年）制定的三腳架（上圖）與昭和11年（1936年）採用的三腳架乙。腳架角度皆可調整，可用於平射與高射。這款三腳架適用於九六式與九九式輕機槍。

《九六式輕機槍》

口徑：6.5mm
彈藥：6.5×50mmSR（三八式彈減裝彈）
裝彈數：30發彈匣
作動方式：全自動
全長：1,048mm
槍管長：550mm
重量：9kg
射速：550發/分

由於口徑加大，因此加裝消除槍口焰的避火罩。

十一年式輕機槍因其獨特的給彈方法與複雜機構導致故障頻仍，為解決此問題，決定研製新型輕機槍取而代之。九六式輕機槍的槍膛有鍍鉻，藉此提高耐用度，昭和11年制式採用。

刺刀座。

《九九式輕機槍》

與九九式步槍同樣使用九九式普通彈的輕機槍。昭和14年（1939年）採用。外觀與構造與九六式相仿，但口徑擴大為7.7mm，威力有所增加。

口徑：7.7mm
彈藥：7.7×58mm（九九式普通彈）
裝彈數：30發彈匣
作動方式：全自動
全長：1,190mm
槍管長：550mm（不含避火罩）
重量：11.4kg
射速：800發/分

槍托有摺疊式後腳架。

九九式輕機槍比照九六式輕機槍採用槍膛鍍鉻處理，槍管耐用性較高。

《九二式七粍七機槍（路式7.7mm機槍）》

日本海軍採用的路易士機槍。原本是進口，之後有自製，用於飛機的旋轉機槍與艦船防空機槍，並有配賦陸戰隊。

47發彈盤。彈藥與英軍同為.303英式彈。

裝於三腳架的高射姿勢。

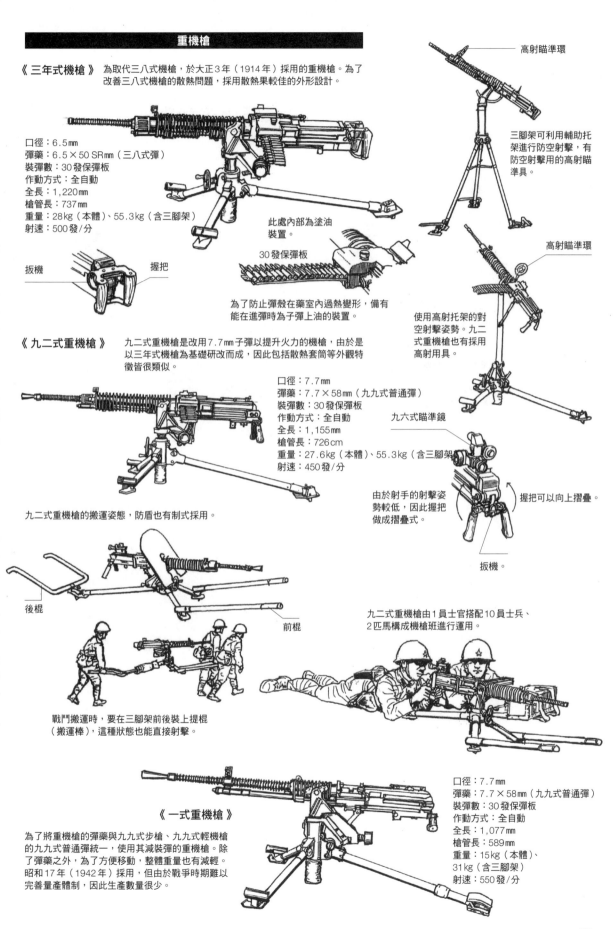

重機槍

《三年式機槍》 為取代三八式機槍,於大正3年（1914年）採用的重機槍。為了改善三八式機槍的散熱問題,採用散熱果較佳的外形設計。

口徑：6.5mm
彈藥：6.5×50 SRmm（三八式彈）
裝彈數：30發保彈板
作動方式：全自動
全長：1,220mm
槍管長：737mm
重量：28kg（本體）、55.3kg（含三腳架）
射速：500發/分

扳機　　握把

高射瞄準環

三腳架可利用輔助托架進行防空射擊,有防空射擊用的高射瞄準具。

此處內部為塗油裝置。

30發保彈板

為了防止彈殼在藥室內過熱變形,備有能在進彈時為子彈上油的裝置。

高射瞄準環

使用高射托架的對空射擊姿勢。九二式重機槍也有採用高射用具。

《九二式重機槍》 九二式重機槍是改用7.7mm子彈以提升火力的機槍,由於是以三年式機槍為基礎研改而成,因此包括散熱套筒等外觀特徵皆很類似。

口徑：7.7mm
彈藥：7.7×58mm（九九式普通彈）
裝彈數：30發保彈板
作動方式：全自動
全長：1,155mm
槍管長：726cm
重量：27.6kg（本體）、55.3kg（含三腳架）
射速：450發/分

九六式瞄準鏡

由於射手的射擊姿勢較低,因此握把做成摺疊式。

握把可以向上摺疊。

扳機。

九二式重機槍的搬運姿態,防盾也有制式採用。

後棍

前棍

戰鬥搬運時,要在三腳架前後裝上提棍（搬運棒）,這種狀態也能直接射擊。

九二式重機槍由1員士官搭配10員士兵、2匹馬構成機槍班進行運用。

《一式重機槍》

為了將重機槍的彈藥與九九式步槍、九九式輕機槍的九九式普通彈統一,使用其減裝彈的重機槍。除了彈藥之外,為了方便移動,整體重量也有減輕。昭和17年（1942年）採用,但由於戰爭時期難以完善量產體制,因此生產數量少。

口徑：7.7mm
彈藥：7.7×58mm（九九式普通彈）
裝彈數：30發保彈板
作動方式：全自動
全長：1,077mm
槍管長：589mm
重量：15kg（本體）、31kg（含三腳架）
射速：550發/分

手榴彈

手榴彈在第一次世界大戰時期成為步兵近距離戰鬥的常用兵器。日本陸軍在日俄戰爭時曾用過急造手榴彈，日俄戰爭後則制式採用手榴彈。

日本於第一次世界大戰之後開始研製具備近代構造的手榴彈，在太平洋戰爭前共制式採用了5種手榴彈。

九七式手榴彈

昭和12年（1937年）採用的破片型手榴彈。改良自擲彈筒與投擲兼用的九一式手榴彈，專供投擲使用。

保險夾　保險蓋

擊針體

引信體

重量：450g
全長：98mm、69.5mm（本體）
直徑：49.8mm
炸藥：TNT 62g
引信：敲擊式，
延時4～5秒

《手榴彈的使用方法》

①將手榴彈以引信朝下的方式握持，拉開保險夾。
②注意避免保險蓋脫落（若保險蓋脫落，擊針就會掉出來），以擊針體頭部敲擊鋼盔或軍靴後跟等堅硬物體。
③擊針會敲擊雷管，點燃延時引信。
④點火後立即投向目標。

《九七式手榴彈的內部構造》

保險蓋
彈簧　擊針體
雷管　擊針
曳火孔　保險夾孔
排氣孔　引信體
　　　　栓
　　　　結合座
　　　　延時導火管
　　　　延時管
　　　　炸藥
　　　　曳火孔
　　　　起爆藥
　　　　墊片
　　　　彈體

手榴彈點火後，會從排氣孔噴出燃燒氣體。高溫氣體可能會灼傷人，因此九九式會加上保護筒。

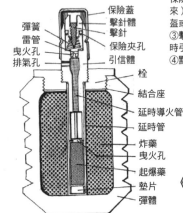

《九八式手榴彈（帶柄）》

昭和13年（1938年）製造的攻擊型手榴彈。據說約有10萬顆送往中國戰線。

〔九八式手榴彈的內部構造〕

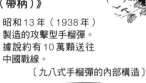

起爆藥
延時引信　摩擦引信
　　　　　拉火繩

重量：600g
全長：200mm（彈頭80mm、柄120mm）
直徑：50mm
炸藥：苦味酸80g
引信：摩擦式4～5秒延時

中日戰爭與太平洋戰爭時期的日本兵，每人會攜行2～3顆手榴彈。

其他手榴彈

保護筒

《九九式手榴彈》

為了提高現有手榴彈的量產性，並減輕重量以利投擲，於昭和14年（1939年）研製的手榴彈。分為也可用於槍榴彈的甲型與投擲專用的乙型兩種。

重量：300g　全長：89mm、58.5mm（本體）　直徑：44.5mm　炸藥：苦味酸55g　引信：敲擊式4～5秒延時

《手榴彈四型》

全長：100mm
直徑：80mm
重量：450g
炸藥：過氯酸鹽炸藥約99～130g
延時：4～5秒

太平洋戰爭末期由於金屬不足，改以陶器製造的手榴彈。由於彈體為陶製，因此也有人認為可以裝入毒劑或發煙劑製成化學彈。

《十年式手榴彈》

除了能由士兵投擲，也能當成十年式擲彈筒的擲彈使用，大正10年（1921年）採用。為供擲彈筒使用，彈體底部裝有發射用的推進藥室。

重量：540g
全長：123.5mm、69mm（本體）
直徑：49.8mm
炸藥：TNT 65g 或鹽斗藥75g
引信：敲擊式7～8秒延時

《九一式手榴彈》

改良自十年式手榴彈。提高引信安全性，彈體也改成易於量產的設計。

重量：530g
全長：125mm、68.5m（本體）
直徑：49.8mm
炸藥：TNT 62g
引信：敲擊式7～8秒延時

〔裝有20顆九一式手榴彈的彈藥箱〕

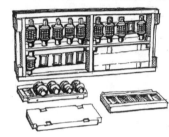

擲彈器

為了讓手榴彈飛得更遠，各國陸軍都有採用槍榴彈發射器。日軍也於昭和14年（1939年）著手研製，推出各種擲彈器與彈頭。

〔九一式擲彈器與擲彈收納袋〕可携行5顆擲彈。

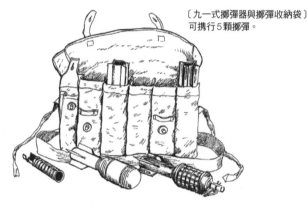

《日軍使用的擲彈器與擲彈》

〔九一式擲彈器〕

〔九一式擲彈〕

於九一式手榴彈加裝木製穩定翼的擲彈。引信與手榴彈相同，發射後7～8秒引爆。

〔九一式發煙彈〕

〔三式擲彈器〕

〔三式擲彈〕

海軍供陸戰隊使用的擲彈。

〔二式擲彈器（Tate器）〕

參考德國槍榴彈發射器製成的擲彈器。

二式擲彈器內部比照德國製品刻有膛線。

〔一〇〇式擲彈器〕

昭和15年（1940年）採用的杯型擲彈器。一般發射擲彈時會利用空包彈，不過一〇〇式擲彈器也能以實彈發射擲彈。其構造在杯體下方裝有子彈導管，子彈擊發後，氣體會從導管上的氣孔導入杯體，藉此發射擲彈，子彈的彈頭則會從導管射出。

一〇〇式擲彈器使用的是九九式手榴彈。

〔二式戰車防禦擲彈（Ta彈）彈頭口徑40mm〕

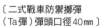

〔二式戰車防禦擲彈（Ta彈）彈頭口徑30mm〕

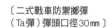

在德國技術援助下，於昭和17年（1942年）與擲彈器一起製造的專用擲彈。

擲彈筒

日軍運用的擲彈筒，是一種威力與射程介於槍榴彈與排用迫砲之間的武器。太平洋戰爭期間，由於擲彈筒威力大過手榴彈，且命中率又很高，對盟軍官兵造成相當大的威脅。

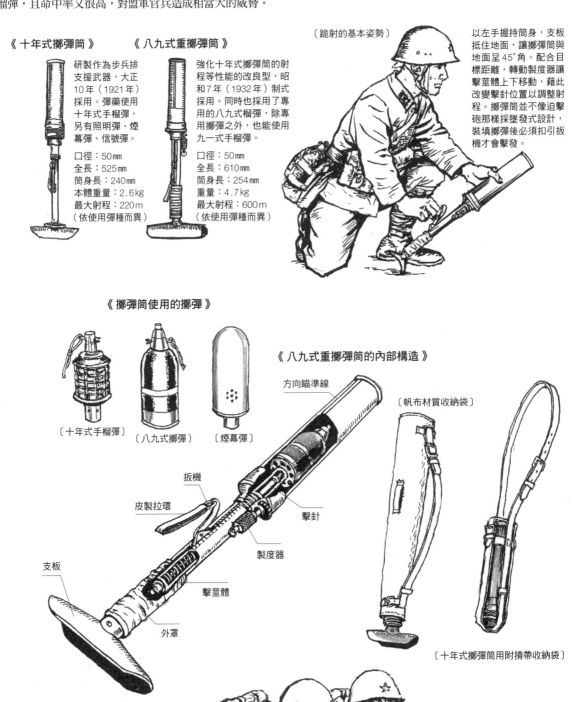

《 十年式擲彈筒 》

研製作為步兵排支援武器，大正10年（1921年）採用。彈藥使用十年式手榴彈，另有照明彈、煙幕彈、信號彈。

口徑：50mm
全長：525mm
筒身長：240mm
本體重量：2.6kg
最大射程：220m
（依使用彈種而異）

《 八九式重擲彈筒 》

強化十年式擲彈筒的射程等性能的改良型，昭和7年（1932年）制式採用。同時也採用了專用的八九式榴彈，除專用擲彈之外，也能使用九一式手榴彈。

口徑：50mm
全長：610mm
筒身長：254mm
重量：4.7kg
最大射程：600m
（依使用彈種而異）

〔跪射的基本姿勢〕

以左手握持筒身，支板抵住地面，讓擲彈筒與地面呈45°角。配合目標距離，轉動製度器讓擊莖體上下移動，藉此改變擊針位置以調整射程。擲彈筒並不像迫擊砲那樣採墜發式設計，裝填擲彈後必須扣引扳機才會擊發。

《 擲彈筒使用的擲彈 》

〔十年式手榴彈〕　〔八九式擲彈〕　〔煙幕彈〕

《 八九式重擲彈筒的內部構造 》

方向瞄準線
扳機
皮製拉環
擊針
製度器
支板
擊莖體
外罩

〔帆布材質收納袋〕

〔十年式擲彈筒用附揹帶收納袋〕

八九式重擲彈筒的運用，每具需有1員筒手與2員彈藥手。以此編成1個班（伍），由3個班編成擲彈筒分隊（班）。

反戰車肉搏武器

由於日軍不像德軍與美軍那樣擁有攜行式戰車防禦火箭彈，因此只能靠肉搏攻擊來抵禦戰車。方法包括破壞承載輪或履帶，令戰車動彈不得，或使用火炎瓶與手榴彈攻擊戰車乘員。更有甚者，則是讓步兵帶著地雷或爆雷衝向戰車發動突擊，簡直就是步兵版的特攻作戰。

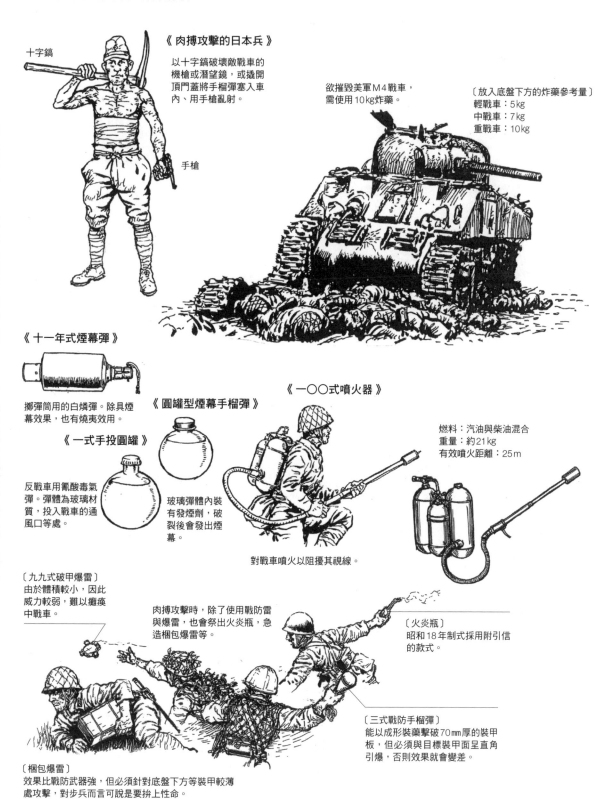

《肉搏攻擊的日本兵》

十字鎬

以十字鎬破壞敵戰車的機槍或潛望鏡，或撬開頂門蓋將手榴彈塞入車內、用手槍亂射。

手槍

欲摧毀美軍M4戰車，需使用10kg炸藥。

〔放入底盤下方的炸藥參考量〕
輕戰車：5kg
中戰車：7kg
重戰車：10kg

《十一年式煙幕彈》

擲彈筒用的白燐彈。除具煙幕效果，也有燒夷效用。

《圓罐型煙幕手榴彈》

玻璃彈體內裝有發煙劑，破裂後會發出煙幕。

《一式手投圓罐》

反戰車用氰酸毒氣彈。彈體為玻璃材質，投入戰車的通風口等處。

《一〇〇式噴火器》

燃料：汽油與柴油混合
重量：約21kg
有效噴火距離：25m

對戰車噴火以阻擾其視線。

〔九九式破甲爆雷〕
由於體積較小，因此威力較弱，難以癱瘓中戰車。

肉搏攻擊時，除了使用戰防雷與爆雷，也會祭出火炎瓶，急造梱包爆雷等。

〔火炎瓶〕
昭和18年制式採用附引信的款式。

〔三式戰防手榴彈〕
能以成形裝藥擊破70mm厚的裝甲板，但必須與目標裝甲面呈直角引爆，否則效果就會變差。

〔梱包爆雷〕
效果比戰防武器強，但必須針對底盤下方等裝甲較薄處攻擊，對步兵而言可說是要拚上性命。

《手投火炎瓶》

制式採用的火炎瓶。於專用玻璃瓶裝上引信，這種引信也能裝在汽水或啤酒瓶上。

引信

若無引信，會塞入布條點火。

《刺突爆雷》

棒子前端裝上成形裝藥彈，刺向目標後引爆，以蒙羅效應破壞裝甲。

彈頭前端的釘子並非引信，而是為了取出適當距離以發揮蒙羅效應。

《三式戰防手榴彈》

裝有投擲後穩定飛行路徑用的麻繩。依裝藥量分成甲（853g）、乙（690g）、丙（500g）三種。

《九九式破甲爆雷》

單體裝有4塊磁鐵，可吸附戰車車體將之破壞。但由於裝藥量僅有630g，若不把5～6個綁在一起使用，對M4戰車便不具效果。

若將九九式破甲爆雷綁在一起就無法投擲，必須直接吸附至戰車。

揹負綑包爆雷的士兵。須直接鑽進戰車底盤下方引爆。

《急造地雷/爆雷》

〔混凝土地雷〕
裡面裝填大量黑色火藥。

〔裝袋地雷〕
在麻布袋裡塞滿TNT炸藥，並裝上引信。

〔綑包爆雷〕
在木箱中裝入炸藥並附上引信。依據箱子尺寸，有4kg至10kg等數種樣式。

《用於肉搏攻擊的各種地雷》

〔九三式地雷〕
人員殺傷、戰車防禦用。

直徑：120mm
裝藥量：900g

〔三式地雷（甲）〕
本體為陶製。

直徑：270mm（大）、230mm（小）
裝藥量：3kg（大）、2kg（小）

〔三式地雷（乙）〕
本體為木製。

長寬：225mm
高：190mm
裝藥量：2kg

〔棒地雷〕
用於肉搏攻擊時會裝上手榴彈引爆。

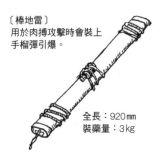

全長：920mm
裝藥量：3kg

〔九八式舟艇水雷〕
雖為海軍的水雷，但也會用於戰車防禦。

底部直徑：510mm
裝藥量：21kg

刺刀／軍刀

日本陸軍相當重視白刃戰，常以刺刀突擊在步兵戰鬥中一決雌雄。然而，太平洋戰爭時期，盟軍的自動武器火力卻十分強大，使得刺刀突擊完全無用武之地。

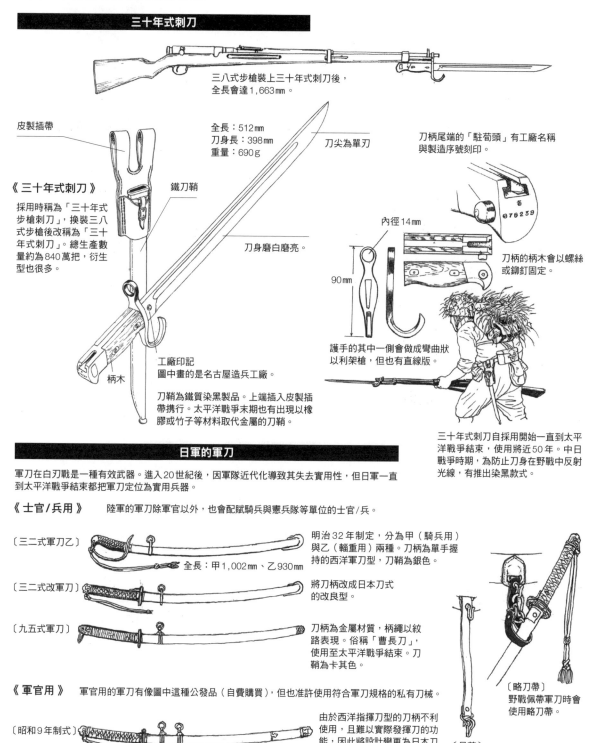

三十年式刺刀

三八式步槍裝上三十年式刺刀後，全長會達1,663mm。

皮製插帶

全長：512mm
刀身長：398mm
重量：690g

刀尖為單刃

刀柄尾端的「駐筍頭」有工廠名稱與製造序號刻印。

078259

《三十年式刺刀》

採用時稱為「三十年式步槍刺刀」，換裝三八式步槍後改稱為「三十年式刺刀」。總生產數量約為840萬把，衍生型也很多。

鐵刀鞘

刀身磨白磨亮。

內徑14mm

90mm

刀柄的柄木會以螺絲或鉚釘固定。

工廠印記
圖中畫的是名古屋造兵工廠。

柄木

刀鞘為鐵質染黑製品。上端插入皮製插帶攜行。太平洋戰爭末期也有出現以橡膠或竹子等材料取代金屬的刀鞘。

護手的其中一側會做成彎曲狀以利架槍，但也有直線版。

三十年式刺刀自採用開始一直到太平洋戰爭結束，使用將近50年。中日戰爭時期，為防止刀身在野戰中反射光線，有推出染黑款式。

日軍的軍刀

軍刀在白刃戰是一種有效武器。進入20世紀後，因軍隊近代化導致其失去實用性，但日軍一直到太平洋戰爭結束都把軍刀定位為實用兵器。

《士官／兵用》 陸軍的軍刀除軍官以外，也會配賦騎兵與憲兵隊等單位的士官／兵。

〔三二式軍刀乙〕

全長：甲1,002mm、乙930mm

明治32年制定，分為甲（騎兵用）與乙（輜重用）兩種。刀柄為單手握持的西洋軍刀型，刀鞘為銀色。

〔三二式改軍刀〕

將刀柄改成日本刀式的改良型。

〔九五式軍刀〕

刀柄為金屬材質，柄繩以紋路表現。俗稱「曹長刀」，使用至太平洋戰爭結束。刀鞘為卡其色。

《軍官用》 軍官用的軍刀有像圖中這種公發品（自費購買），但也准許使用符合軍刀規格的私有刀械。

〔昭和9年制式〕

〔昭和13年制式〕

由於西洋指揮刀型的刀柄不利使用，且難以實際發揮刀的功能，因此將設計變更為日本刀型，昭和9年制定。

稱為「九八式軍刀」的軍官用軍刀。改良自昭和9年制式，將原本2個佩環減為1個。其餘外觀與昭和9年制式無異。

〔略刀帶〕
野戰佩帶軍刀時會使用略刀帶。

〔吊革〕

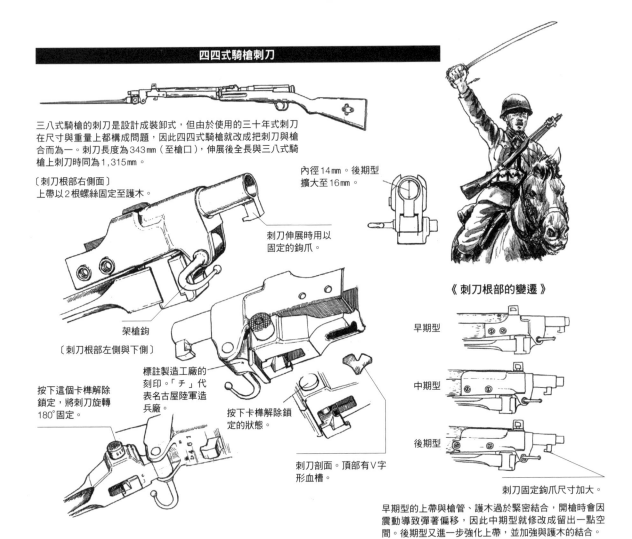

四四式騎槍刺刀

三八式騎槍的刺刀是設計成裝卸式，但由於使用的三十年式刺刀在尺寸與重量上都構成問題，因此四四式騎槍就改成把刺刀與槍合而為一。刺刀長度為343mm（至槍口），伸展後全長與三八式騎槍上刺刀時同為1,315mm。

〔刺刀根部右側面〕
上帶以2根螺絲固定至護木。

內徑14mm。後期型擴大至16mm。

刺刀伸展時用以固定的鉤爪。

架槍鉤

〔刺刀根部左側與下側〕

按下這個卡榫解除鎖定，將刺刀旋轉180°固定。

標註製造工廠的刻印。「チ」代表名古屋陸軍造兵廠。

按下卡榫解除鎖定的狀態。

刺刀剖面。頂部有V字形血槽。

《刺刀根部的變遷》

早期型

中期型

後期型

刺刀固定鉤爪尺寸加大。

早期型的上帶與槍管、護木過於緊密結合，開槍時會因震動導致彈著偏移，因此中期型就修改成留出一點空間。後期型又進一步強化上帶，並加強與護木的結合。

二式刺刀

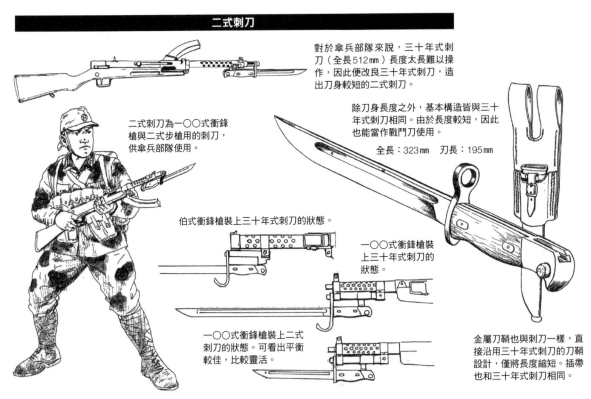

對於傘兵部隊來說，三十年式刺刀（全長512mm）長度太長難以操作，因此便改良三十年式刺刀，造出刀身較短的二式刺刀。

二式刺刀為一〇〇式衝鋒槍與二式步槍用的刺刀，供傘兵部隊使用。

除刀身長度之外，基本構造皆與三十年式刺刀相同。由於長度較短，因此也能當作戰鬥刀使用。

全長：323mm　刃長：195mm

伯式衝鋒槍裝上三十年式刺刀的狀態。

一〇〇式衝鋒槍裝上三十年式刺刀的狀態。

一〇〇式衝鋒槍裝上二式刺刀的狀態。可看出平衡較佳，比較靈活。

金屬刀鞘也與刺刀一樣，直接沿用三十年式刺刀的刀鞘設計，僅將長度縮短。插帶也和三十年式刺刀相同。

日軍的步兵部隊編成

日本陸軍的排（日軍稱小隊）與班（分隊），是依戰時編成進行編組。平時並不會編成排與班，部隊日常活動是以連（中隊）為基本，由「內務班」作為行動單位，不過在演習等訓練時還是會編成排與班。太平洋戰爭時期的步兵排基本上是由4個班編組而成。

《步兵排的戰時編成　1940年》

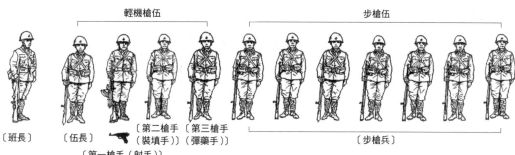

步兵排基本上是以4個班編成，但從中日戰爭打到太平洋戰爭，因為動員大量士兵的緣故，導致兵員與兵器皆告不足，有時也會以3個班編成，或減少輕機槍與擲彈筒的配備數量。每個班配備的武器包括輕機槍×1、步槍×11、手槍×1。

步兵排麾下有3個輕機槍（步兵）班。各班有班長與4員構成的輕機槍伍、7員構成的步槍伍，總共由12員構成。

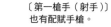

輕機槍伍　　　　　　　　　　步槍伍

〔班長〕　〔伍長〕　〔第二槍手（裝填手）〕〔第三槍手（彈藥手）〕　　〔步槍兵〕

〔第一槍手（射手）〕
也有配賦手槍。

《輕機槍伍的裝備》

《擲彈筒手》

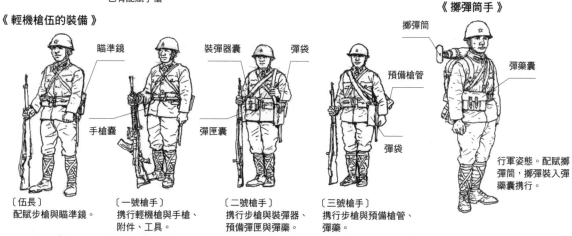

瞄準鏡　　　裝彈器囊　彈袋　　擲彈筒　　彈藥囊

手槍囊　　　彈匣囊　　預備槍管　　彈袋

〔伍長〕
配賦步槍與瞄準鏡。

〔一號槍手〕
攜行輕機槍與手槍、附件、工具。

〔二號槍手〕
攜行步槍與裝彈器、預備彈匣與彈藥。

〔三號槍手〕
攜行步槍與預備槍管、彈藥。

行軍姿態。配賦擲彈筒，擲彈裝入彈藥囊攜行。

步兵排的第4班是擲彈筒班。每班配備3具擲彈筒，人員分成3伍，負責支援輕機槍班攻擊。擲彈筒的彈藥除了擲彈筒手外，由班長之外的全員攜行。擲彈筒班配賦武器為擲彈筒×3、步槍×10。

第1擲彈筒伍　　　　　　第2擲彈筒伍　　　　　　　　第3擲彈筒伍

〔班長〕〔擲彈筒手〕　〔步槍兵〕

《步兵連的編成》

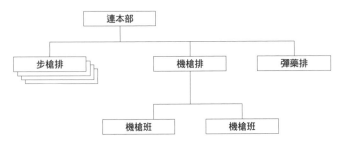

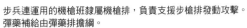

步兵連運用的機槍班隸屬機槍排，負責支援步槍排發動攻擊。
彈藥補給由彈藥排擔綱。

機槍班

機槍班由班長以下10員與搬運重機槍、彈藥用的2匹馬構成。

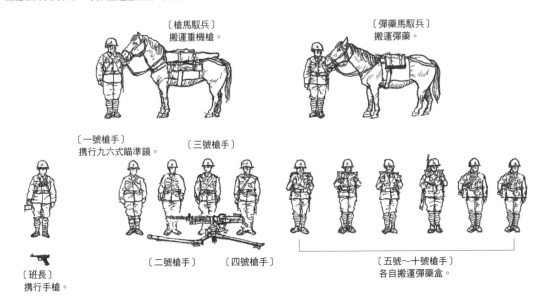

〔槍馬馱兵〕
搬運重機槍。

〔彈藥馬馱兵〕
搬運彈藥。

〔一號槍手〕
携行九六式瞄準鏡。

〔三號槍手〕

〔二號槍手〕　〔四號槍手〕

〔五號～十號槍手〕
各自搬運彈藥盒。

〔班長〕
携行手槍。

《 重機槍的佈陣 》　　　將重機槍架設於班長指示位置，並各自就定位。
　　　　　　　　　　　依排長命令開火射擊。

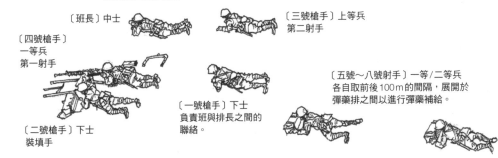

〔班長〕中士

〔三號槍手〕上等兵
第二射手

〔四號槍手〕
一等兵
第一射手

〔五號～八號射手〕一等/二等兵
各自取前後100m的間隔，展開於
彈藥排之間以進行彈藥補給。

〔一號槍手〕下士
負責班與排長之間的
聯絡。

〔二號槍手〕下士
裝填手

《 人力搬運 》　　　機槍與彈藥在行軍時會以馬匹搬運，但戰鬥時的移動則由班兵以人力搬運。一號至四
　　　　　　　　　號槍手負責搬運機槍，五號槍手以下負責搬運1箱22kg、540發裝的甲彈藥盒。

班長　　　一號槍手　　三號槍手　　　五號槍手　　七號槍手　　九號槍手

　　　　　二號槍手　　四號槍手　　　六號槍手　　八號槍手　　十號槍手
　　　　　　　　　　　　　　　　　　　　　　　　　　　　　　（携行預備槍管）

義大利軍

義大利雖然是第一次世界大戰的戰勝國，但戰後因國內經濟不穩定，導致兵器發展遲緩。舊型輕兵器因此難以更新，且戰間期研製、採用的槍械也都有待改善，問題層出不窮。

手槍

義大利軍自19世紀末以降開始自製軍用手槍,進入20世紀後,自動手槍取代轉輪手槍成為主力,第一次世界大戰時推出了貝瑞塔M1915。這款手槍後來也持續進行改良,最後完成為貝瑞塔M1934。

《博代奧M1889》

口徑:10.35mm
彈藥:10.35×20mm
裝彈數:6發
作動方式:雙/單動式
全長:235mm
槍管長:115mm
重量:950g

1889年採用後,一直使用至第二次世界大戰的軍用轉輪手槍。圖為槍身左側加裝リバウンド保險的M1889改良型。

〔M1889用腰槍套〕

《博代奧M1889/94》

M1889的最終改良型。基本構造與M1889相同,但槍管改成圓形,藉此減輕重量。

《格利森蒂M1910》

義大利軍制式採用的首款半自動手槍。由於零件數量較多,且是以切削加工製造,因此在第一次世界大戰爆發後生產進度趕不上軍方需求,進而促成貝瑞塔M1915的誕生。

口徑:9mm
彈藥:9×19mm(9mm格利森蒂彈)
裝彈數:7發彈匣
作動方式:半自動
全長:206mm
槍管長:100mm
重量:905g

〔M1910用槍套〕

《貝瑞塔M1931》

M1931是以9mm口徑的M1923為基礎,將口徑縮小為7.65mm,藉此減輕重量。

口徑:7.65mm
彈藥:7.65×17mm(.32ACP彈)
裝彈數:8發彈匣
作動方式:半自動
全長:150mm
槍管長:85mm
重量:610g

《貝瑞塔M1915》

口徑:9mm
彈藥:9×19mm(9mm格利森蒂彈)
裝彈數:8發彈匣
作動方式:半自動
全長:167mm
槍管長:95mm
重量:850g

貝瑞塔公司研製的首款自動手槍。為彌補第一次世界大戰時期手槍數量不足而研製。

《貝瑞塔M1934》

〔M1934用槍套〕

口徑:9mm
彈藥:9×17mm(.380ACP彈)
裝彈數:7發彈匣
作動方式:半自動
全長:150mm
槍管長:88mm
重量:625g

改良自M1931,減少零件數量並增加強度。由於M1934構造簡單輕巧,且又不易故障,頗得官兵信賴。第二次世界大戰時除了軍官作為自衛武器使用,飛機、裝甲車乘員也會配賦。

《MOO信號槍》

25.4mm口徑的單發、中折式信號槍。

貝瑞塔M1934由於尺寸過小,作為軍用手槍威力略顯不足,但因為不易故障,所以頗得軍官喜愛。

步槍

第二次世界大戰時期義大利軍的步槍是以卡爾卡諾M1891步槍為主，使用多款改良型與衍生型。

《卡爾卡諾M1891》

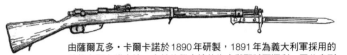

口徑：6.5mm
彈藥：6.5×52mm卡爾卡諾彈
裝彈數：6發
作動方式：手動槍機式
全長：1,295mm
槍管長：780mm
重量：3.8kg

由薩爾瓦多·卡爾卡諾於1890年研製，1891年為義大利軍採用的首款卡爾卡諾步槍。由於後繼步槍的生產與配賦不順利，因此直到1943年9月義大利投降為止都持續作為主力步槍使用。

口徑：6.5mm
彈藥：6.5×52mm卡爾卡諾彈
裝彈數：6發
作動方式：手動槍機式
全長：1,170mm
槍管長：690mm
重量：3.72kg

《卡爾卡諾M1937》

簡化M1891生產工程的戰時生產型。1941年採用。

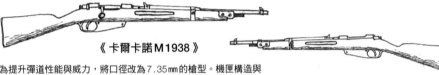

口徑：7.35mm
彈藥：7.35×51mm卡爾卡諾彈
裝彈數：6發
作動方式：手動槍機式
全長：1,020mm
槍管長：530mm
重量：3.4kg

《卡爾卡諾M1938》

為提升彈道性能與威力，將口徑改為7.35mm的槍型。機匣構造與M1891相同。M1938獲採用後，為統一步槍子彈口徑，又修改為6.5mm，制式型號改稱M1891/38。

口徑：6.5mm
彈藥：6.5×52mm卡爾卡諾彈
裝彈數：6發
作動方式：手動槍機式
全長：920mm
槍管長：434mm
重量：3kg

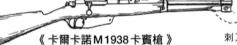

《卡爾卡諾M1891卡賓槍》

縮短M1891全長與槍管長度的卡賓槍（騎兵槍）。1893年採用。

卡賓槍型附有摺疊式錐刺型刺刀。

口徑：7.35mm
彈藥：7.35×51mm卡爾卡諾彈
裝彈數：6發
作動方式：手動槍機式
全長：920mm
槍管長：450mm
重量：2.95kg

《卡爾卡諾M1938卡賓槍》

M1938的卡賓槍型。基本設計沿襲M1891卡賓槍。

刺刀一般會摺疊收納於槍管下方。上刺刀時要往前旋轉180°後拉出。

衝鋒槍

在評價普遍不佳的義大利軍輕兵器當中，唯一在可靠度與耐久性上獲得佳評的就是衝鋒槍。

《貝瑞塔M1938A》

M1938A是由設計師馬倫戈尼研製而成，1938年採用。作動方式為直接反衝，可切換半／全自動射擊，以2組扳機分別擊發。共有推出4種版本，差異在於槍管散熱套的設計以及有無刺刀座等。

口徑：9mm
彈藥：9×19mm（9mm帕拉貝倫彈）
裝彈數：10發、20發、30發、40發彈匣
作動方式：半／全自動切換式
全長：947mm
槍管長：315mm
重量：3.9kg
射速：600發／分

《貝瑞塔M1938/42早期型》

縮短M1938A的全長，並減輕重量的改良型。1941年試製後，於1942年採用。

口徑：9mm
彈藥：9×19mm（9m帕拉貝倫彈）
裝彈數：10發、20發、30發、40發彈匣
作動方式：半／全自動切換式
全長：800mm
槍管長：210mm
重量：3.5kg
射速：550發／分

機槍

義大利軍在第一次世界大戰後開始研製國產機槍，從1920年代至第二次世界大戰爆發，推出過數款輕/重機槍。

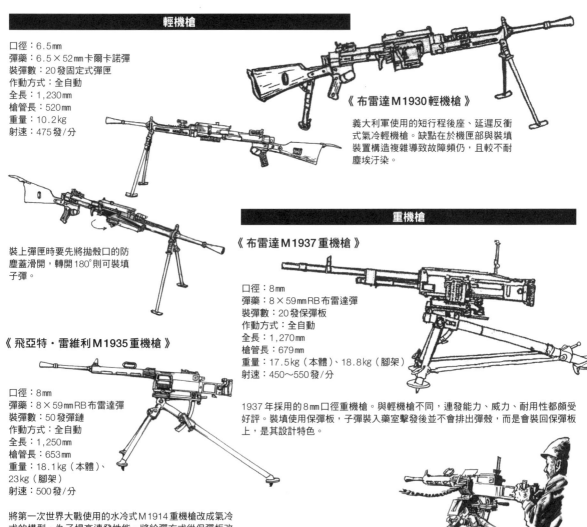

輕機槍

口徑：6.5mm
彈藥：6.5×52mm卡爾卡諾彈
裝彈數：20發固定式彈匣
作動方式：全自動
全長：1,230mm
槍管長：520mm
重量：10.2kg
射速：475發/分

《布雷達M1930輕機槍》

義大利軍使用的短行程後座、延遲反衝式氣冷輕機槍。缺點在於機匣部與裝填裝置構造複雜導致故障頻仍，且較不耐塵埃汙染。

裝上彈匣時要先將拋殼口的防塵蓋滑開，轉開180°則可裝填子彈。

重機槍

《布雷達M1937重機槍》

口徑：8mm
彈藥：8×59mmRB布雷達彈
裝彈數：20發保彈板
作動方式：全自動
全長：1,270mm
槍管長：679mm
重量：17.5kg（本體）、18.8kg（腳架）
射速：450～550發/分

《飛亞特·雷維利M1935重機槍》

口徑：8mm
彈藥：8×59mmRB布雷達彈
裝彈數：50發彈鏈
作動方式：全自動
全長：1,250mm
槍管長：653mm
重量：18.1kg（本體）、23kg（腳架）
射速：500發/分

1937年採用的8mm口徑重機槍。與輕機槍不同，連發能力、威力、耐用性都頗受好評。裝填使用保彈板，子彈裝入藥室擊發後並不會排出彈殼，而是會裝回保彈板上，是其設計特色。

將第一次世界大戰使用的水冷式M1914重機槍改成氣冷式的構型。為了提高連發性能，將給彈方式從保彈板改成彈鏈。

其他武器

《蘇羅通S18/1100戰防槍》

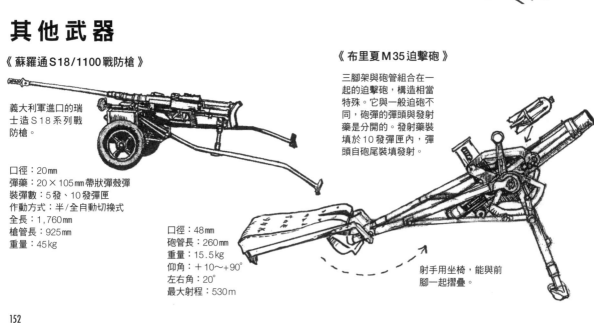

義大利軍進口的瑞士造S18系列戰防槍。

口徑：20mm
彈藥：20×105mm帶狀彈殼彈
裝彈數：5發、10發彈匣
作動方式：半/全自動切換式
全長：1,760mm
槍管長：925mm
重量：45kg

《布里夏M35迫擊砲》

三腳架與砲管組合在一起的迫擊砲，構造相當特殊。它與一般迫砲不同，砲彈的彈頭與發射藥是分開的。發射藥裝填於10發彈匣內，彈頭自砲尾裝填發射。

口徑：48mm
砲管長：260mm
重量：15.5kg
仰角：+10～+90°
左右角：20°
最大射程：530m

射手用坐椅，能與前腳一起摺疊。

手榴彈

義大利軍手榴彈的特徵在於配備碰炸引信,投擲後碰觸地面等物體造成衝擊便會引爆,第一次世界大戰時便廣泛應用於手榴彈上。雖然碰炸引信的構造比延期引信單純,但若地面為軟質沙漠,觸地時很有可能就會無法作動,成為不知何時會爆炸的未爆彈。如此一來,不只是敵軍,就連友軍都有可能陷入危險。有鑑於此,這種漆成紅色的義大利手榴彈就被盟軍稱為「紅色惡魔」。

《OTO M35》

義大利軍於1935年採用的奧托・梅萊拉製手榴彈。

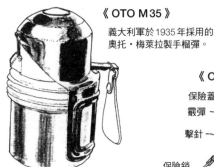

全長:95mm
直徑:58mm
重量:150g
炸藥:TNT 36g

《OTO M35的內部構造》

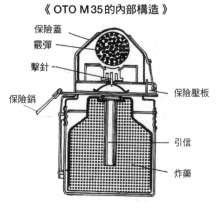

保險蓋
霰彈
擊針
保險銷
保險壓板
引信
炸藥

保險蓋

保險壓板

保險銷

保險蓋與本體會漆成紅色。

《布雷達M35》

布雷達公司製造的M335手榴彈。構造與OTO M35幾乎相同。

《S.R.C.M.M35》

S.R.C.M.公司製的手榴彈。炸藥量比OTO手榴彈多,但點火系統相同,常變成未爆彈。

全長:85mm
直徑:57mm
重量:240g
炸藥:TNT 43g

《S.R.C.M.M35的內部構造》

保險蓋
蓋子
保險壓板
擊針
擊針彈簧
保險銷
引信
炸藥

《布雷達M40木柄手榴彈》

為將布雷達M35投擲至遠方,加裝木柄的構型。

全長:241mm
直徑:53mm
重量:不明
炸藥:TNT 50g

《布雷達M42戰防手榴彈》

全長:305mm
直徑:91mm
重量:1kg
炸藥:TNT 574g

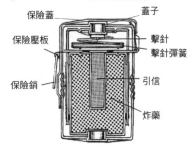

炸藥量是人員殺傷手榴彈的10倍左右,可破壞20mm厚裝甲板。引信與人員殺傷型同為碰炸式。

噴火器

《M35噴火器》

重量:27kg
燃料:12ℓ
噴火距離:22m

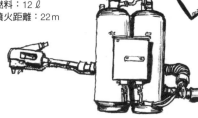

1935年採用的携行式噴火器。使用重油與汽油混合燃料。點火方法在早期型使用打火石,後期型則改以電池電力點火。

《M40噴火器》

M35的改良型。點火方法改成使用電磁鐵的電力式。

重量:27kg
燃料:12ℓ
噴火距離:16.5m

義大利軍的步兵部隊編成

義大利陸軍的基本步兵排編成，是由2個步槍班與2個輕機槍班構成，不過這種編成會依兵科（機械化部隊、傘兵部隊、山岳部隊等）與時期等因素多少有點差異。

突擊班（步槍班）

每班由中士班長與10員步槍兵構成，總共11員。配賦步槍會依所屬部隊而異，使用卡爾卡諾M1891等各種步槍與卡賓槍。

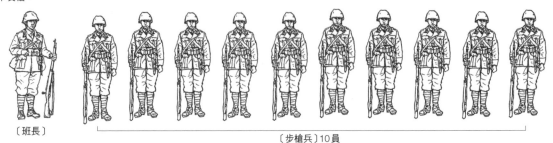

〔班長〕　　　　　　　　　　　　　　　　〔步槍兵〕10員

支援班（輕機槍班）

義大利軍的步槍班並未配備班用自動武器，而是會另外編組輕機槍班。每班由班長、輕機槍手與裝填手（彈藥手）各2員、5員步槍兵構成，總共10員。支援班配賦2挺布雷達M1930輕機槍。

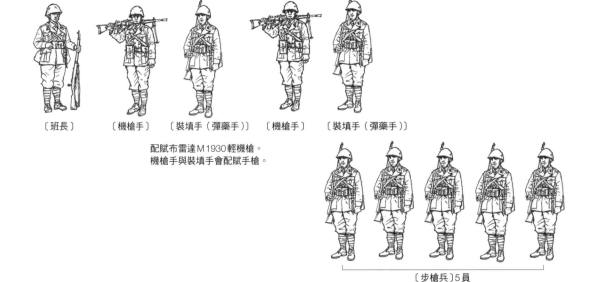

〔班長〕　　〔機槍手〕　〔裝填手（彈藥手）〕　　〔機槍手〕　　〔裝填手（彈藥手）〕

配賦布雷達M1930輕機槍。
機槍手與裝填手會配賦手槍。

〔步槍兵〕5員

重機槍班

2個重機槍班會構成1個重機槍排，每班由9員編成，使用飛亞特·雷維利M1935或布雷達M1937重機槍。

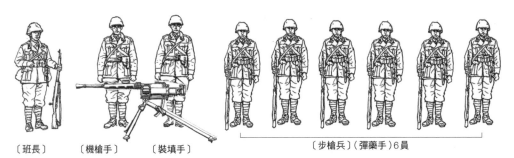

〔班長〕　　　〔機槍手〕　　〔裝填手〕　　　　　　〔步槍兵〕（彈藥手）6員

配賦飛亞特·雷維利M1935重機槍。
機槍手與裝填手也會配賦手槍。

其他軸心國軍

歐洲軸心國軍配備的輕兵器與德國、義大利一樣，主要是沿用第一次世界大戰的型號，或是其後續改良型。像是捷克斯洛伐克等戰前就有在自行研製兵器的國家，在第二次世界大戰期間會為本國軍隊與德軍生產輕兵器。

芬蘭軍

芬蘭陸軍在第一次世界大戰之後開始自製輕兵器，並靠這些兵器與蘇軍打了冬季戰爭（1939年11月～1940年3月）和繼續戰爭（1941年6月～1944年9月）。

《拉赫蒂L1935》

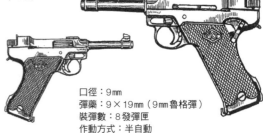

口徑：9mm
彈藥：9×19mm（9mm魯格彈）
裝彈數：8發彈匣
作動方式：半自動
全長：245mm
槍管長：107mm
重量：1.2kg

由艾莫·拉赫蒂設計，1935年採用的自製軍用手槍。芬蘭軍一直使用到1980年代。

《莫辛-納干M1891/30》

除了自製版本，也有獨立戰爭時期自俄羅斯取得，以及在冬季戰爭等自蘇軍繳獲的槍械。

《M27》

口徑：7.62mm
彈藥：7.62×54mmR
裝彈數：5發
作動方式：手動槍機式
全長：1,195mm
槍管長：685mm
重量：4.3kg

自俄羅斯取得莫辛-納干M1891後改良而成的自製步槍。

《M34狙擊槍》

自M28/30步槍的生產線當中挑選精度較佳的個體製造而成。槍托使用M39的新型，搭配蘇製PE瞄準鏡。

還有附槍托盒配件。

《M32手榴彈》

《拉赫蒂/薩洛蘭塔M1926輕機槍》

由艾莫·拉赫蒂技師與A·E·薩洛蘭塔中尉研製的短行程後座式氣冷式機槍。1926年採用作為主力輕機槍，但因彈匣進彈不良與構造過於精密，使其在冬季常出現作動不良的問題，1942年便結束生產。

口徑：7.62mm
彈藥：7.62×54mmR
裝彈數：20發彈匣、75發彈鼓
作動方式：全自動
全長：1,109mm
槍管長：500mm
重量：9.3kg
射速：450～550發/分

《索米M1931（KP/-31）》

M1931是芬蘭繼M1922（試製）、M1926之後研製的直接反衝作動、開放式槍機衝鋒槍。發射速度可以調整，並能輕易更換槍管。

口徑：9mm
彈藥：9×19mm
（9mm帕拉貝倫彈）
裝彈數：20發、40發、50發彈匣、71發彈鼓
全長：875mm
槍管長：314mm
重量：4,870g
射速：750～900發/分

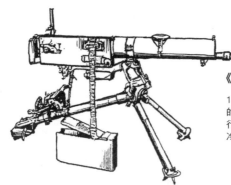

口徑：7.62mm
彈藥：7.62×54mmR
裝彈數：200發彈鏈
作動方式：全自動
全長：1,190mm
槍管長：720mm
重量：25kg（本體）、
31.1kg（槍架）
射速：600～850發/分

《M32/33重機槍》

1933年採用的水冷式重機槍。改良至可以使用M32重機槍的加速機構與槍口制退器、金屬彈鏈，並能透過三腳架執行防空射擊。1939年於槍管套筒加裝大型蓋口以迅速補充冷卻水。

羅馬尼亞軍

羅馬尼亞會自各個時代的同盟國進口兵器，第二次世界大戰時期使用的純自製兵器僅有衝鋒槍。

《貝瑞塔 M 1938 / 42》

第二次世界大戰時期自義大利進口。

《Vz 24》

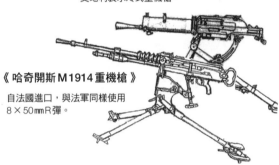

第一次世界大戰後自捷克斯洛伐克進口，1930 年代中期開始在羅馬尼亞授權生產。

《施瓦茨勞斯 M 7 / 12 重機槍》

奧地利製水冷式重機槍。

《哈奇開斯 M 1914 重機槍》

自法國進口，與法軍同樣使用 8 × 50mmR 彈。

匈 牙 利 軍

匈牙利自 19 世紀末便開始配備自製步槍等輕兵器，第二次世界大戰時期有生產除機槍之外的手槍、步槍、衝鋒槍。

《FÉG 37 M（M 1937）》

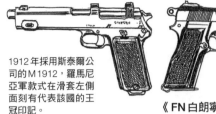

魯道夫・弗洛默設計的匈牙利自製軍用手槍，修改自 FÉG 29 M（M1929），1937 年制式採用。

彈藥：9 × 17mm（.380ACP彈）
裝彈數：7 發彈匣
作動方式：半自動
全長：182mm
槍管長：110mm
重量：735 g

《FÉG 35 M（M 1935）》

以 31 M 步槍為基礎重新設計、生產的自製步槍。1935 年制式採用。

口徑：8mm　彈藥：8 × 56mm曼利夏彈　裝彈數：5 發　作動方式：手動槍機式　全長：1226mm　槍管長：725mm　重量：3.83kg

《斯泰爾 M 1912》

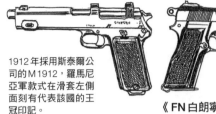

1912 年採用斯泰爾公司的 M1912，羅馬尼亞軍款式在滑套左側面刻有代表該國的王冠印記。

口徑：9mm
彈藥：9 × 23mm（9mm斯泰爾彈）
裝彈數：8 發彈匣
作動方式：半自動
全長：205mm
槍管長：129mm
重量：980g

《FN 白朗寧 大威力 M 1935》

1938 年採用，自比利時進口。

《奧里塔 M 1941》

羅馬尼亞自製衝鋒槍。科普薩・米卡兵工廠的技師利奧博德・斯卡雅於 1941 年設計，1943 年開始生產、配備。

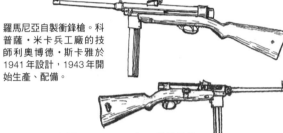

口徑：9mm　彈藥：9 × 19mm（9mm帕拉貝倫彈）　裝彈數：25 發、32 發彈匣　作動方式：半/全自動切換式　全長：894mm　槍管長：278mm　重量：3.45kg　射速：400～600 發/分

《ZB 30 輕機槍》

自捷克斯洛伐克進口。

《M 1942 手榴彈》

《施瓦茨勞斯 M 07 / 31》

修改自奧匈帝國時代 M07/12 重機槍的水冷式機槍。1931 年配合主力步槍換裝，將槍管與藥室從 8 × 50mmR 彈規格修改為 8 × 56mmR 彈規格。

《達努維亞 39 M》

匈牙利自製衝鋒槍。衍生型有 1943 年採用的摺疊槍托式 43M。

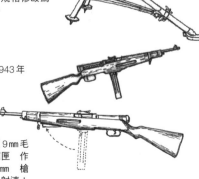

口徑：9mm　彈藥：9 × 25mm（9mm毛瑟彈）　裝彈數：20 發、40 發彈匣　作動方式：全自動　全長：1,048mm　槍管長：499mm　重量：3.7kg　射速：750 發/分

斯洛伐克軍

捷克斯洛伐克是工業發達國家，可以設計、生產重兵器與
輕兵器，除供本國軍隊使用，還有大量外銷他國。1939
年被德國吞併後，主要為德軍與盟邦生產兵器，變成軸心
國的斯洛伐克會直接配備捷克斯洛伐克製造的武器。

《Vz1927》

口徑：7.65mm
彈藥7.65×17mm（.32ACP彈）
裝彈數：8發彈匣
作動方式：半自動
全長：155mm
槍管長：90.5mm
重量：670g

1924年製造的Vz1924改良
型。兼併後德軍也以P27（t）
為型號制式採用。

《Vz38》

口徑：9mm
彈藥：9×17mm（.380ACP彈）
裝彈數：8發彈匣
動作方式：半自動
全長：206mm
槍管長：118mm
重量：910g

捷克斯洛伐克研製的軍用手槍，被德國併吞後卻未配賦本國軍隊，
而是被德軍當作制式手槍使用。

《ZB Vz37重機槍》

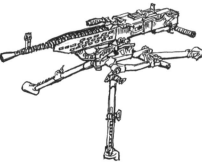

自德國毛瑟公司取得授權生產的
步槍，1924年成為捷克斯洛伐
克軍的制式步槍，也有外銷其他
國家。

《Vz24》

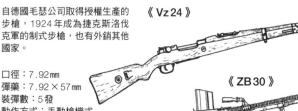

口徑：7.92mm
彈藥：7.92×57mm
裝彈數：5發
動作方式：手動槍機式
全長：1,100mm
槍管長：590mm
重量：4.2kg

《ZB30》

口徑：7.92mm
彈藥：7.92×57mm
裝彈數：彈匣20發
動作方式：全自動
全長：1,130mm
槍管長：503mm
重量：9.6kg
射速：550發/分

對各國輕機槍研製造成影響的
ZB26之改良型，提高耐用性，
修改閉鎖機構。除了外銷歐洲
與亞洲，也有在外國進行授權
生產。

口徑：7.92mm　彈藥：7.92×57mm　裝彈數：
100發、200發彈鏈　作動方式：半/全自動切換
式（全自動射擊可選高速與低速）　全長：1105
mm　槍管長：733mm　重量：18.8kg　射速：
500～700發/分

捷克斯洛伐克軍於1935年採用的氣冷式重機槍。
機匣部零件數量有所精簡，構造較為單純，連續
射擊時的可靠度頗高。曾以ZB53為名稱外銷至
中華民國、羅馬尼亞等。英國也有授權生產供戰
車搭載使用，稱為「貝莎機槍」。

保加利亞軍

保加利亞軍從第一次世界大戰之前便自奧地利進口以奧軍為準的輕兵器，第二次世界大
戰爆發後則接受德國支援，也有使用MP40與Kar98k等德造輕兵器。

《施瓦茨勞斯M07/12重機槍》

《斯泰爾M1912》

《魯格P08》

《曼利夏M1895卡賓槍》

《ZB30輕機槍》

《柄式手榴彈》

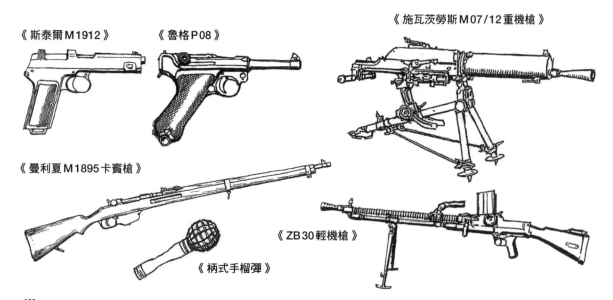

158

特殊武器＆裝備等

第二次世界大戰時期，士兵的任務劃分更為細密，會從事戰車防禦、特種作戰、諜報活動等。

為了遂行這些任務，各國會推出各式各樣五花八門的武器與裝備。

戰防槍

步兵要迎戰的對手並非只有敵方士兵，第一次世界大戰後半期以降，戰車及裝甲車輛也會成為步兵的攻擊目標。戰防槍是首款能由步兵攜行的戰車防禦專用兵器，直到戰車裝甲還沒那麼厚的第二次世界大戰前期，戰防槍都還是種有效的戰車防禦兵器。

德軍的戰防槍

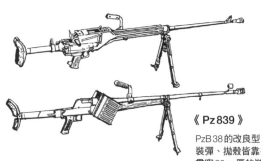

《Pz838》

1938年採用的戰防槍。與一般步槍不同，機匣部採用與大砲類似的垂直尾栓式構造。彈藥以手動裝填單發，射擊後彈殼會自動排出。可於100m距離貫穿30mm厚的裝甲板。

口徑：7.92mm　彈藥：7.92×94mm　裝彈數：1發　作動方式：尾栓式　全長：1,615mm、1,290mm（槍托摺疊時）　槍管長：1,085mm　重量：16.2kg

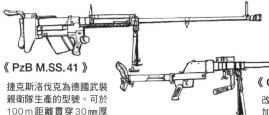

《Pz839》

PzB38的改良型，廢除自動拋殼裝置，裝彈、拋殼皆靠手動。可於100m距離貫穿30mm厚的裝甲板。

口徑：7.92mm　彈藥：7.92×94mm　裝彈數：1發　作動方式：尾栓式　全長：1,620mm、1,255mm（槍托摺疊時）　槍管長：1,085mm　重量：12.6kg

口徑：15mm　彈藥：15×104mm　裝彈數：5發、10發彈匣　作動方式：手動槍機式　全長：1,710mm　槍管長：1,500mm　重量：18.5kg

《PzB M.SS.41》

捷克斯洛伐克為德國武裝親衛隊生產的型號。可於100m距離貫穿30mm厚的裝甲板。

《GrB39》

改造自PzB39，於槍管前端加裝槍榴彈發射器的型號，以空包彈發射槍榴彈。

口徑：7.92mm、30mm（槍榴彈發射器）　彈藥：各種槍榴彈　裝彈數：1發　全長：1,232mm、903mm（槍托摺疊時）　槍管長：749mm　重量：10.44kg　有效射程：125～150m（依彈種而異）

其他國家的主要戰防槍

《Wz.35〔波蘭〕》

第二次世界大戰開戰時，波蘭軍配備的戰防槍。對裝甲車輛的有效射程為300m，於傾斜角30°可貫穿15mm厚的裝甲板。有鑑於此，它對德軍的I號、II號戰車等輕裝甲車輛仍能發揮有效攻擊。波蘭投降後，德軍將繳獲的Wz.35改型號為PzB（35p）加以採用。

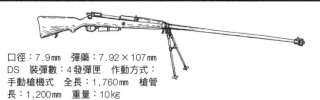

口徑：7.9mm　彈藥：7.92×107mm DS　裝彈數：4發彈匣　作動方式：手動槍機式　全長：1,760mm　槍管長：1,200mm　重量：10kg

《博愛式.55in戰防槍〔英國〕》

1937年採用的戰防槍。第二次世界大戰早期配賦步兵部隊與輕裝甲車輛，當作戰車防禦武器運用。繼Mk.I之後，還有推出提升威力的改良型Mk.I*（Mk.II）。於91m距離可貫穿12mm（Mk.I）、23mm（Mk.I*）厚的裝甲板。

口徑：13.97mm　彈藥：13.9×99mm（.55博愛式彈）　裝彈數：5發彈匣　作動方式：手動槍機式　全長：1,575mm　槍管長：914.44mm　重量15.875kg　射速：10發/分

《西蒙諾夫PTRS 1941〔蘇聯〕》

《狄格帖諾夫PTRD 1941〔蘇聯〕》

與PTRS-1941並行研製的手動槍機式戰防槍。由於構造單純，比PTRS-1941更早量產並投入實戰。

口徑：14.5mm　彈藥：14.5×114mm　裝彈數：1發　作動方式：手動槍機式　單發射速：8～10發/分　全長：2,020mm　槍管長：1,350mm　重量：15.75kg　有效射程：300m

口徑：14.5mm　彈藥：14.5×114mm　裝彈數：5發彈匣　作動方式：半自動　全長：2,140mm　槍管長：1,219mm　重量：20.8kg　有效射程：400m

因德蘇開戰而緊急研製的槍型，1941年8月獲得採用，但正式配賦戰鬥部隊要等到量產體制完備後的1942年以降。

步兵的戰車防禦武器

為了對抗的戰車，會推出各種單兵攜行式戰車防禦武器，第二次世界大戰從簡易的火焰瓶到火箭筒都有出現在戰場上使用。

盟軍的戰防武器

《英軍》　英軍為防範德軍登陸本土，除了制式武器之外，也緊急製造簡易戰車防禦武器配發給國民軍。

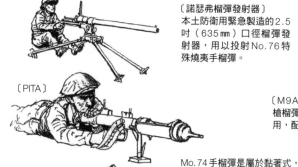

〔諾瑟弗榴彈發射器〕
本土防衛用緊急製造的2.5吋（635mm）口徑榴彈發射器，用以投射No.76特殊燒夷手榴彈。

〔PITA〕

〔M9A1戰車防禦榴彈〕
槍榴彈發射器有M1步槍用與M1卡賓槍用，配賦步兵班。

〔No.68戰防榴彈〕
No.68戰防榴彈使用杯型榴彈發射器投射。

Mo.74手榴彈是屬於黏著式，要掀開蓋子後再投擲。

〔No.74手榴彈〕
又稱黏性炸彈。

〔No.73手榴彈〕
為國民軍製造的戰防手榴彈。

〔No.75戰防手榴彈〕
也會當作地雷或詭雷運用的多用途手榴彈。依研製者之名稱為「霍金斯地雷」。

〔No.76特殊燒夷彈〕
在玻璃瓶中裝入白燐等物質的急造燒夷彈，配賦給國民軍。

〔No.77手榴彈〕
配賦正規軍與國民軍的白燐燒夷彈。

〔RPG40戰防手榴彈〕

RPG43為了讓彈頭能夠垂直觸及目標，投擲後也會拋出彈道穩定布條。

〔RGD33手榴彈〕
用鐵線把數顆手榴彈綑在一起，用於戰車防禦戰。

〔RPG43戰防手榴彈〕
彈頭為成形裝藥式。

《美軍》

美軍領先世界推出戰防火箭筒。這款武器可說是為步兵反戰車戰鬥帶來革命。

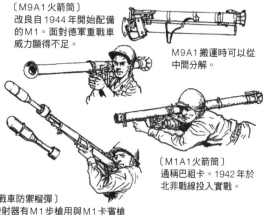

〔M9A1火箭筒〕
改良自1944年開始配備的M1。面對德軍重戰車威力顯得不足。

M9A1搬運時可以從中間分解。

〔M1A1火箭筒〕
通稱巴祖卡。1942年於北非戰線投入實戰。

《蘇軍》

蘇軍在同盟國陣營中算是很常對戰車進行肉搏攻擊，使用火焰瓶、戰防手榴彈、戰防槍針對戰車頂面與背面等弱點進攻。

最簡單的戰防武器就是火焰瓶（莫洛托夫雞尾酒），常用於防禦戰鬥。

蘇軍在防禦陣地戰與城鎮戰很常使用戰防槍與火焰瓶。

〔PTRS 1941戰防槍〕
瞄準戰車的潛望鏡等弱點狙擊，讓戰車無法動彈。

〔VPGS-41槍榴彈〕
插棒式戰車防禦榴彈。棒子會插入槍管，以空包彈發射。最大射程160m。

從戰防手榴彈到火箭筒，德國也有推出各式各樣的戰車防禦武器。除此之外，戰場上的士兵也會自製火焰瓶等武器進行戰車防禦。

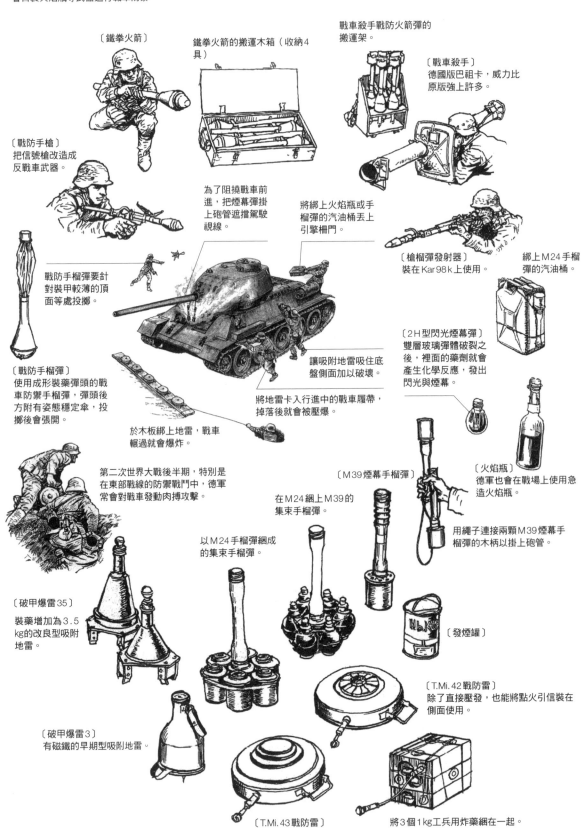

〔鐵拳火箭〕

鐵拳火箭的搬運木箱（收納4具）

戰車殺手戰防火箭彈的搬運架。

〔戰車殺手〕
德國版巴祖卡，威力比原版強上許多。

〔戰防手槍〕
把信號槍改造成反戰車武器。

為了阻撓戰車前進，把煙幕彈掛上砲管遮擋駕駛視線。

將綁上火焰瓶或手榴彈的汽油桶丟上引擎柵門。

〔槍榴彈發射器〕
裝在Kar98k上使用。

綁上M24手榴彈的汽油桶。

戰防手榴彈要針對裝甲較薄的頂面等處投擲。

〔戰防手榴彈〕
使用成形裝藥彈頭的戰車防禦手榴彈，彈頭後方附有姿態穩定傘，投擲後會張開。

讓吸附地雷吸住底盤側面加以破壞。

將地雷卡入行進中的戰車履帶，掉落後就會被壓爆。

〔2H型閃光煙幕彈〕
雙層玻璃彈體破裂之後，裡面的藥劑就會產生化學反應，發出閃光與煙幕。

於木板綁上地雷，戰車輾過就會爆炸。

〔火焰瓶〕
德軍也會在戰場上使用急造火焰瓶。

第二次世界大戰後半期，特別是在東部戰線的防禦戰鬥中，德軍常會對戰車發動肉搏攻擊。

〔M39煙幕手榴彈〕

在M24綑上M39的集束手榴彈。

用繩子連接兩顆M39煙幕手榴彈的木柄以掛上砲管。

以M24手榴彈綑成的集束手榴彈。

〔破甲爆雷35〕
裝藥增加為3.5kg的改良型吸附地雷。

〔發煙罐〕

〔T.Mi.42戰防雷〕
除了直接壓發，也能將點火引信裝在側面使用。

〔破甲爆雷3〕
有磁鐵的早期型吸附地雷。

〔T.Mi.43戰防雷〕

將3個1kg工兵用炸藥綑在一起。

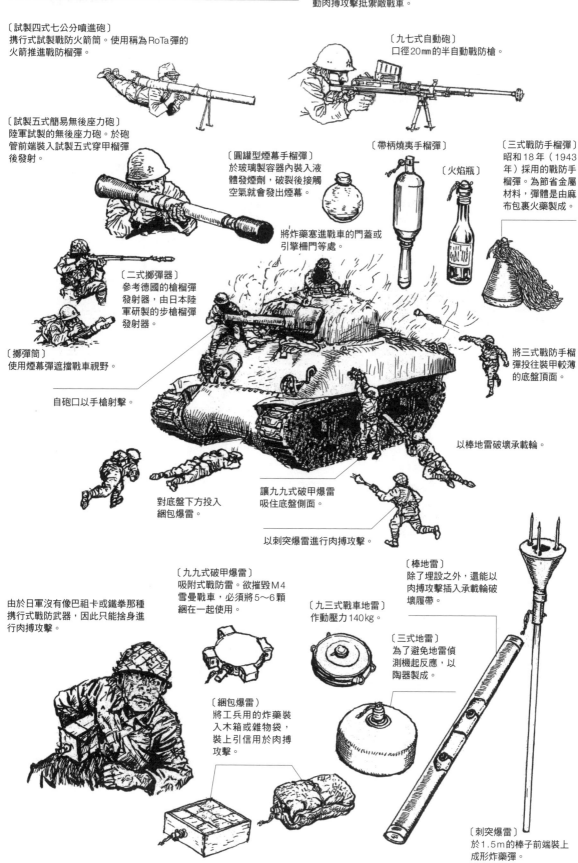

日軍的戰防武器

日軍的戰防砲與戰車在威力與數量上都不夠充足，因此只能步兵發動肉搏攻擊抵禦敵戰車。

〔試製四式七公分噴進砲〕
携行式試製戰防火箭筒。使用稱為RoTa彈的火箭推進戰防榴彈。

〔九七式自動砲〕
口徑20mm的半自動戰防槍。

〔試製五式簡易無後座力砲〕
陸軍試製的無後座力砲。於砲管前端裝入試製五式穿甲榴彈後發射。

〔圓罐型煙幕手榴彈〕
於玻璃製容器內裝入液體發煙劑，破裂後接觸空氣就會發出煙幕。

將炸藥塞進戰車的門蓋或引擎柵門等處。

〔帶柄燒夷手榴彈〕

〔火焰瓶〕

〔三式戰防手榴彈〕
昭和18年（1943年）採用的戰防手榴彈。為節省金屬材料，彈體是由麻布包裹火藥製成。

〔二式擲彈器〕
參考德國的槍榴彈發射器，由日本陸軍研製的步槍榴彈發射器。

〔擲彈筒〕
使用煙幕彈遮擋戰車視野。

自砲口以手槍射擊。

將三式戰防手榴彈投往裝甲較薄的底盤頂面。

以棒地雷破壞承載輪。

對底盤下方投入綑包爆雷。

讓九九式破甲爆雷吸住底盤側面。

以刺突爆雷進行肉搏攻擊。

〔棒地雷〕
除了埋設之外，還能以肉搏攻擊插入承載輪破壞履帶。

〔九九式破甲爆雷〕
吸附式戰防雷。欲摧毀M4雪曼戰車，必須將5～6顆綑在一起使用。

〔九三式戰車地雷〕
作動壓力140kg。

由於日軍沒有像巴祖卡或鐵拳那種携行式戰防武器，因此只能捨身進行肉搏攻擊。

〔三式地雷〕
為了避免地雷偵測機起反應，以陶器製成。

〔綑包爆雷〕
將工兵用的炸藥裝入木箱或雜物袋，裝上引信用於肉搏攻擊。

〔刺突爆雷〕
於1.5m的棒子前端裝上成形炸藥彈。

特種任務用武器

第二次世界大戰使用的手槍，除了正規軍用的一般型之外，各國還有推出專供特種作戰人員、情報人員、祕密警察用的特種手槍。

特種手槍

《FP-45》

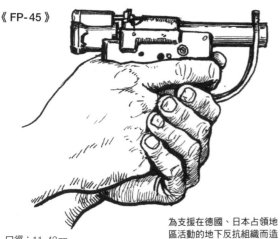

口徑：11.43mm
彈藥：11.43×23mm（.45ACP彈）
裝彈數：1發
全長：140mm
槍管長：101mm
重量：430g

為支援在德國、日本占領地區活動的地下反抗組織而造的單發式手槍。別名「解放者」，以空投或潛艦等方式運送至目的地。

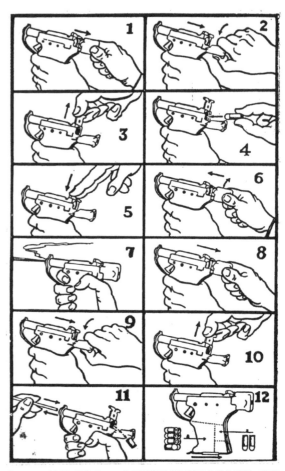

《FP-45的說明書》　為了廣泛發放至言語各異的歐洲、亞洲各地，說明書不使用文字，而是僅以圖解構成。

《FP-45的衍生型》

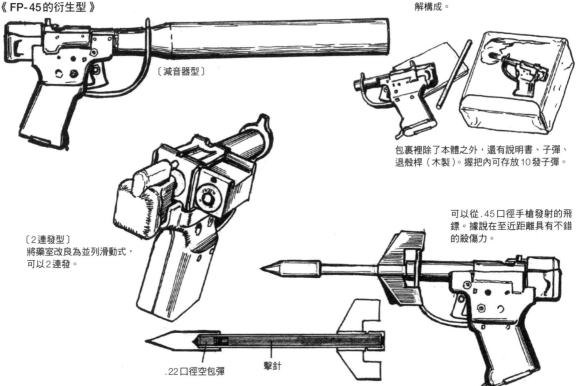

〔減音器型〕

〔2連發型〕
將藥室改良為並列滑動式，可以2連發。

包裹裡除了本體之外，還有說明書、子彈、退殼桿（木製）。握把內可存放10發子彈。

可以從.45口徑手槍發射的飛鏢。據說在近距離具有不錯的殺傷力。

.22口徑空包彈　　擊針

飛鏢全長約170mm，以內建.22口徑空包彈點火發射。

《威爾羅德Mk.I》

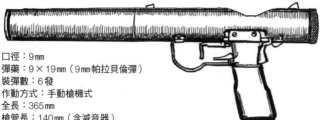

口徑：9mm
彈藥：9×19mm（9mm帕拉貝倫彈）
裝彈數：6發
作動方式：手動槍機式
全長：365mm
槍管：140mm（含減音器）
重量：1.2kg

9mm口徑的減音器手槍，由英國SOE（特別行動執行處）的特種兵器研究所研製。管狀本體前段1/3是減音器，可旋轉裝卸。握把兼具彈匣功能，為方便握持，外面套有橡膠。

《刺針槍》

供美國OSS（戰略情報局）隊員防身用的筆型單發手槍。全長83mm，槍管無膛線，有效射程約3m。

槍管內裝有.22口徑短彈。

〔刺針槍的使用方法〕

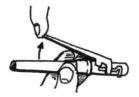

①拉開把手。

②將拉開的把手向後推。

③按下把手。

④擊發子彈。

《掌心雷Mk.II》

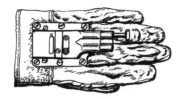

在皮手套內加裝.38特殊彈發射裝置的特種手槍，配賦美國海軍與陸戰隊的情報部門。

發射裝置為單發式，也可重新裝填。將手握拳頂向對手便可發射。

《香煙型單發槍》

拉動濾嘴即可發射子彈。

《腰帶槍》

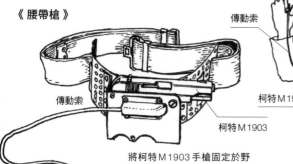

傳動索

發射把手

將柯特M1903手槍固定於野戰裝備P37腰帶上，透過傳動索擊發的系統。這會穿戴於衣服底下，供人員在敵地被捉時使用。

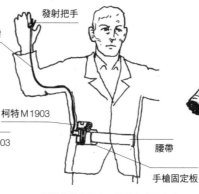

發射把手
傳動索
柯特M1903
腰帶
手槍固定板

腰帶會繫在腰上，傳動索穿過衣自袖口伸出，將手指套入發射把手操控射擊。

《雪茄型手槍》

構造與香煙型同為單發式，此型使用.22短彈。

〔煙斗手槍的使用方法〕

①卸除吸嘴，將槍口指向目標。

②將槍管向左旋轉發射。

《煙斗手槍》

外觀製作成煙斗型的.22口徑單發特種槍。

《腰帶扣槍》

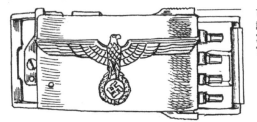

可裝在制服腰帶上的帶扣型護身兵器。設計給德國納粹黨高官與武裝親衛隊高級軍官使用。

各槍管內裝有1發.32 ACP彈

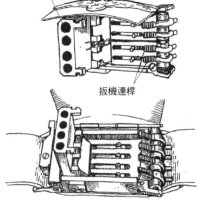

〔腰帶扣槍的內部構造〕

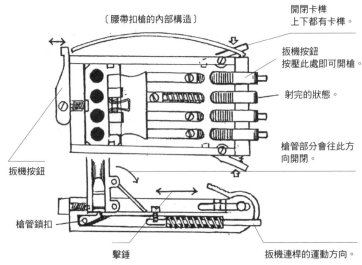

開閉卡榫
上下都有卡榫。

扳機按鈕
按壓此處即可開槍。

射完的狀態。

槍管部分會往此方向開閉。

扳機按鈕

槍管鎖扣

擊錘

扳機連桿的運動方向。

扳機連桿

按壓腰帶扣上下的開閉卡榫後，槍管就會藉彈簧之力彈出，正面蓋板也會同時打開，準備發射。

《袖子槍》

口徑：7.65mm
全長：228mm
重量：720g

扳機把手

減音器

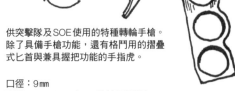

英國SOE（（特別行動執行處）為支援軸心國軍占領區的諜報、偵察、反抗組織而採用的單發式手槍，可藏在衣服袖子裡面，貼近目標之後再開火射擊。

《轉輪手槍DD（E）3313》

供突擊隊及SOE使用的特種轉輪手槍。除了具備手槍功能，還有格鬥用的摺疊式匕首與兼具握把功能的手指虎。

口徑：9mm
彈藥：9×19mm（9mm帕拉貝倫彈）
裝彈數：5發
全長：185mm
槍管長：85mm
重量：485g

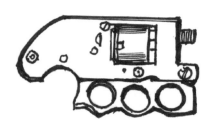

DD（E）3313的槍管可以旋轉裝卸，握把也能摺疊。

DD（E）3313的手指虎型握把是以摺疊狀態使用。

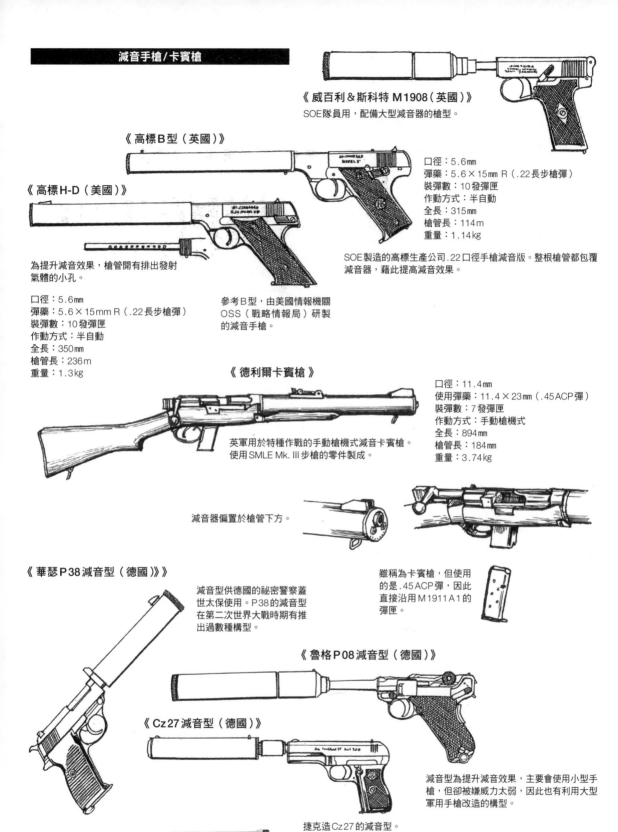

《威百利＆斯科特 M1908（英國）》
SOE隊員用，配備大型減音器的槍型。

《高標 B 型（英國）》

《高標 H-D（美國）》

為提升減音效果，槍管開有排出發射
氣體的小孔。

口徑：5.6mm
彈藥：5.6×15mm R（.22長步槍彈）
裝彈數：10發彈匣
作動方式：半自動
全長：350mm
槍管長：236m
重量：1.3kg

口徑：5.6mm
彈藥：5.6×15mm R（.22長步槍彈）
裝彈數：10發彈匣
作動方式：半自動
全長：315mm
槍管長：114m
重量：1.14kg

SOE製造的高標生產公司.22口徑手槍減音版。整根槍管都包覆
減音器，藉此提高減音效果。

參考 B 型，由美國情報機關
OSS（戰略情報局）研製
的減音手槍。

《德利爾卡賓槍》

口徑：11.4mm
使用彈藥：11.4×23mm（.45ACP彈）
裝彈數：7發彈匣
作動方式：手動槍機式
全長：894mm
槍管長：184mm
重量：3.74kg

英軍用於特種作戰的手動槍機式減音卡賓槍。
使用 SMLE Mk. III 步槍的零件製成。

減音器偏置於槍管下方。

《華瑟 P38 減音型（德國）》

減音型供德國的祕密警察蓋
世太保使用。P38的減音型
在第二次世界大戰時期有推
出過數種構型。

雖稱為卡賓槍，但使用
的是.45ACP彈，因此
直接沿用 M1911A1 的
彈匣。

《魯格 P08 減音型（德國）》

《Cz27 減音型（德國）》

減音型為提升減音效果，主要會使用小型手
槍，但卻被嫌威力太弱，因此也有利用大型
軍用手槍改造的構型。

捷克造 Cz27 的減音型。

《貝瑞塔 M1934 減音型（義大利）》
供義大利祕密警察 OVRA 使用。

167

間接射擊裝置

間接射擊裝置可以在掩蔽狀態下對敵軍開火射擊，於第一次世界大戰的壕溝戰登場。雖然第一次世界大戰後仍持續研製，但由於第二次世界大戰多半改以機動戰作為主流，因此相關裝置的用途十分有限。

德軍的間接射擊裝置

《Gew 41 用間接射擊裝置》

在東部戰線為蘇軍狙擊手所苦的德軍，於1942年開始研製間接射擊裝置，1943年1月採用Gew 41半自動步槍用的間接射擊裝置（DZG，Deckungszielgerät）。

間接射擊裝置當初是為Gew 41而製造，但由於該型步槍普及率較低，因此Kar 98k也會使用。此外，它也有改造成能夠裝在自蘇聯繳獲的托卡列夫SVT上。

《機槍用間接射擊裝置》

此處裝在機槍扳機上。

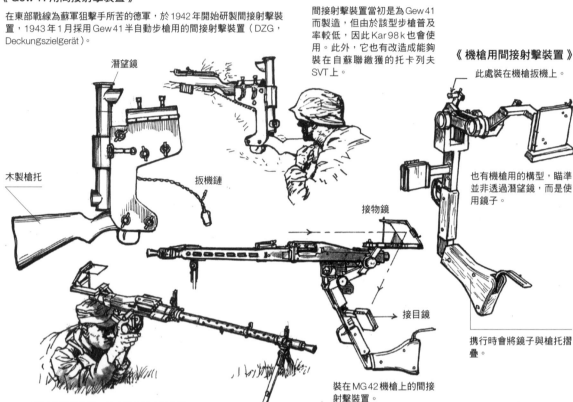

潛望鏡

木製槍托

扳機鏈

接物鏡

接目鏡

也有機槍用的構型，瞄準並非透過潛望鏡，而是使用鏡子。

携行時會將鏡子與槍托摺疊。

裝在MG 42機槍上的間接射擊裝置。

MG 34機槍的射擊姿勢。射手的位置比機槍低，射擊時可以避免被敵軍發現。

日軍的間接射擊裝置

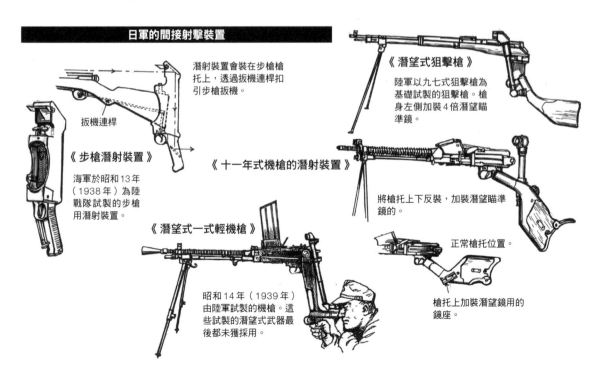

潛射裝置會裝在步槍槍托上，透過扳機連桿扣引步槍扳機。

扳機連桿

《步槍潛射裝置》

海軍於昭和13年（1938年）為陸戰隊試製的步槍用潛射裝置。

《十一年式機槍的潛射裝置》

《潛望式狙擊槍》

陸軍以九七式狙擊槍為基礎試製的狙擊槍。槍身左側加裝4倍潛望瞄準鏡。

將槍托上下反裝，加裝潛望瞄準鏡的。

《潛望式一式輕機槍》

昭和14年（1939年）由陸軍試製的機槍。這些試製的潛望式武器最後都未獲採用。

正常槍托位置。

槍托上加裝潛望鏡用的鏡座。

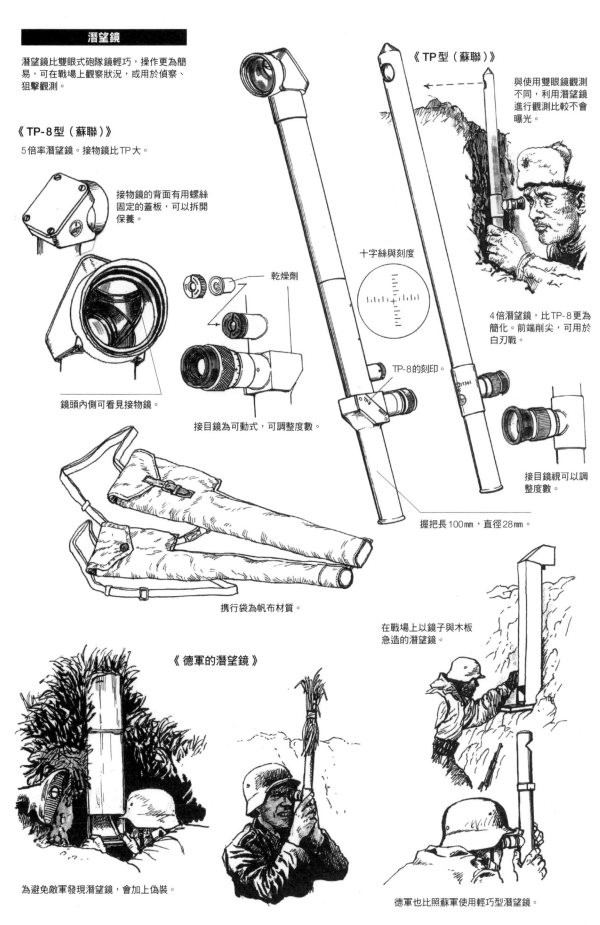

潛望鏡

潛望鏡比雙眼式砲隊鏡輕巧，操作更為簡易，可在戰場上觀察狀況，或用於偵察、狙擊觀測。

《TP-8型（蘇聯）》

5倍率潛望鏡。接物鏡比TP大。

接物鏡的背面有用螺絲固定的蓋板，可以拆開保養。

乾燥劑

鏡頭內側可看見接物鏡。

接目鏡為可動式，可調整度數。

攜行袋為帆布材質。

《TP型（蘇聯）》

與使用雙眼鏡觀測不同，利用潛望鏡進行觀測比較不會曝光。

十字絲與刻度

TP-8的刻印。

4倍潛望鏡，比TP-8更為簡化。前端削尖，可用於白刃戰。

接目鏡視可以調整度數。

握把長100mm，直徑28mm。

《德軍的潛望鏡》

為避免敵軍發現潛望鏡，會加上偽裝。

在戰場上以鏡子與木板急造的潛望鏡。

德軍也比照蘇軍使用輕巧型潛望鏡。

破壞剪

步兵突擊之際，會碰到鐵絲網障礙物。為了突破鐵絲網，就要使用破壞剪。各國的軍隊除了工兵之外，步兵也會攜帶破壞剪。

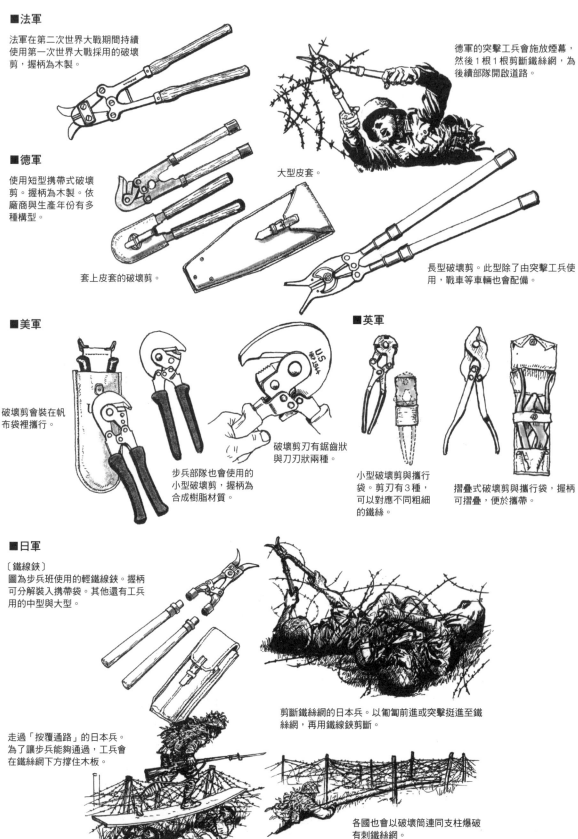

■法軍

法軍在第二次世界大戰期間持續使用第一次世界大戰採用的破壞剪，握柄為木製。

德軍的突擊工兵會施放煙幕，然後1根1根剪斷鐵絲網，為後續部隊開啟道路。

■德軍

使用短型攜帶式破壞剪。握柄為木製。依廠商與生產年份有多種構型。

大型皮套。

套上皮套的破壞剪。

長型破壞剪。此型除了由突擊工兵使用，戰車等車輛也會配備。

■美軍

破壞剪會裝在帆布袋裡攜行。

步兵部隊也會使用的小型破壞剪，握柄為合成樹脂材質。

破壞剪刀刃有鋸齒狀與刀刃狀兩種。

■英軍

小型破壞剪與攜行袋。剪刀有3種，可以對應不同粗細的鐵絲。

摺疊式破壞剪與攜行袋，握柄可摺疊，便於攜帶。

■日軍

〔鐵線鋏〕
圖為步兵班使用的輕鐵線鋏。握柄可分解入攜帶袋。其他還有工兵用的中型與大型。

剪斷鐵絲網的日本兵。以匍匐前進或突擊挺進至鐵絲網，再用鐵線鋏剪斷。

走過「按覆通路」的日本兵。為了讓步兵能夠通過，工兵會在鐵絲網下方撐住木板。

各國也會以破壞筒連同支柱爆破有刺鐵絲網。

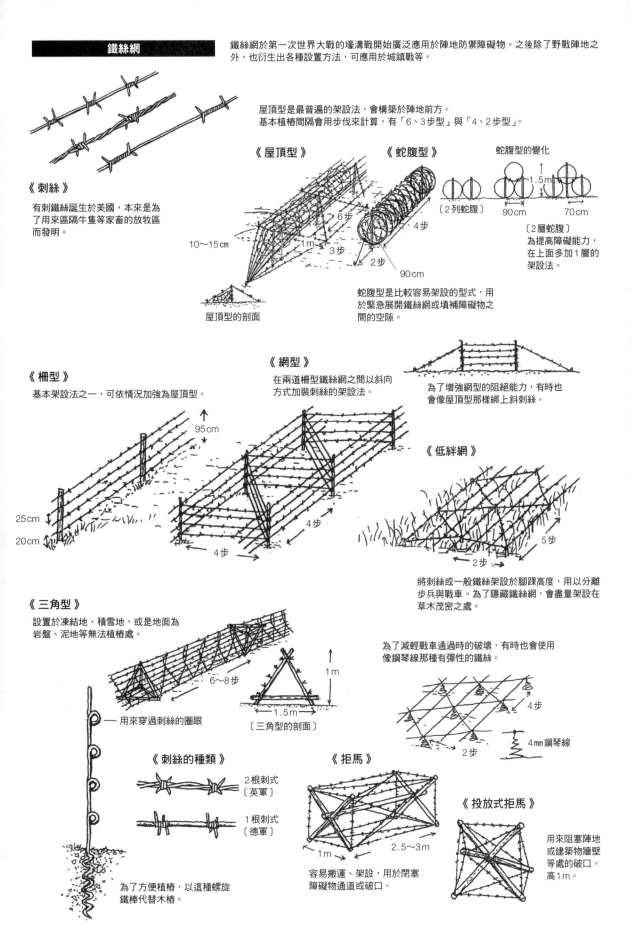

鐵絲網

鐵絲網於第一次世界大戰的壕溝戰開始廣泛應用於陣地防禦障礙物。之後除了野戰陣地之外，也衍生出各種設置方法，可應用於城鎮戰等。

屋頂型是最普遍的架設法，會構築於陣地前方。
基本植椿間隔會用步伐來計算，有「6、3步型」與「4、2步型」。

《刺絲》

有刺鐵絲誕生於美國，本來是為了用來區隔牛隻等家畜的放牧區而發明。

《屋頂型》

10～15cm
6步
1m
3步
2步
90cm

屋頂型的剖面

《蛇腹型》

4步

蛇腹型是比較容易架設的型式，用於緊急展開鐵絲網或填補障礙物之間的空隙。

蛇腹型的變化

〔2列蛇腹〕
1.5m
90cm
70cm

〔2層蛇腹〕
為提高障礙能力，在上面多加1層的架設法。

《柵型》

基本架設法之一，可依情況加強為屋頂型。

95cm
25cm
20cm
4步

《網型》

在兩道柵型鐵絲網之間以斜向方式加裝刺絲的架設法。

4步

為了增強網型的阻絕能力，有時也會像屋頂型那樣綁上斜刺絲。

《低絆網》

5步
2步

將刺絲或一般鐵絲架設於腳踝高度，用以分離步兵與戰車。為了隱藏鐵絲網，會盡量架設在草木茂密之處。

《三角型》

設置於凍結地、積雪地，或是地面為岩盤、泥地等無法植椿處。

6～8步
1m
1.5m

〔三角型的剖面〕

為了減輕戰車通過時的破壞，有時也會使用像鋼琴線那種有彈性的鐵絲。

4步
2步
4mm鋼琴線

用來穿過刺絲的圈眼

為了方便植椿，以這種螺旋鐵棒代替木椿。

《刺絲的種類》

2根刺式〔英軍〕
1根刺式〔德軍〕

《拒馬》

1m
2.5～3m

容易搬運、架設，用於閉塞障礙物通道或破口。

《投放式拒馬》

用來阻塞陣地或建築物牆壁等處的破口。高1m。

瞄準鏡的瞄準線

窺視瞄準鏡可看見瞄準線，又稱十字絲。瞄準線不僅可以瞄準目標，還能測量目標距離與修正彈著，其設計可說是會直接影響瞄準鏡的功能優劣。

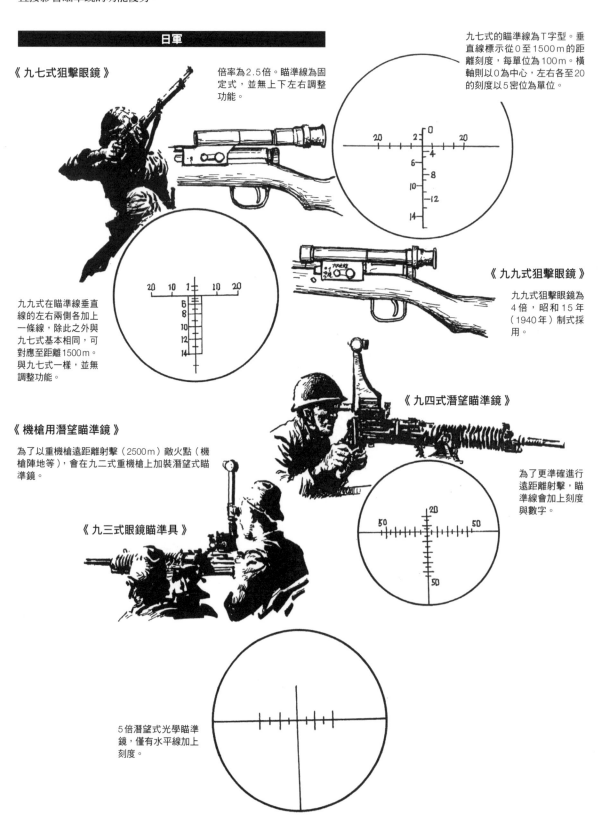

日軍

《九七式狙擊眼鏡》

倍率為 2.5 倍。瞄準線為固定式，並無上下左右調整功能。

九七式的瞄準線為 T 字型。垂直線標示從 0 至 1500 m 的距離刻度，每單位為 100 m。橫軸則以 0 為中心，左右各至 20 的刻度以 5 密位為單位。

九九式在瞄準線垂直線的左右兩側各加上一條線，除此之外與九七式基本相同，可對應至距離 1500 m。與九七式一樣，並無調整功能。

《九九式狙擊眼鏡》

九九式狙擊眼鏡為 4 倍，昭和 15 年（1940 年）制式採用。

《九四式潛望瞄準鏡》

為了更準確進行遠距離射擊，瞄準線會加上刻度與數字。

《機槍用潛望瞄準鏡》

為了以重機槍遠距離射擊（2500 m）敵火點（機槍陣地等），會在九二式重機槍上加裝潛望式瞄準鏡。

《九三式眼鏡瞄準具》

5 倍潛望式光學瞄準鏡，僅有水平線加上刻度。

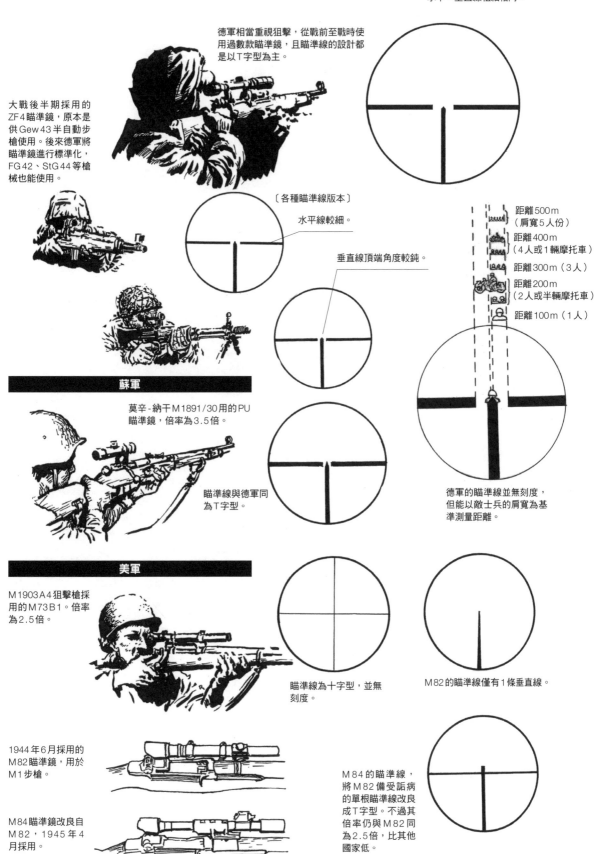

德軍

德軍相當重視狙擊，從戰前至戰時使用過數款瞄準鏡，且瞄準線的設計都是以T字型為主。

大戰後半期採用的ZF4瞄準鏡，原本是供Gew43半自動步槍使用。後來德軍將瞄準鏡進行標準化，FG42、StG44等槍械也能使用。

德軍ZF系列瞄準鏡最典型的瞄準線。水平、垂直線粗細相同。

〔各種瞄準線版本〕

水平線較細。

垂直線頂端角度較鈍。

距離500m（肩寬5人份）

距離400m（4人或1輛摩托車）

距離300m（3人）

距離200m（2人或半輛摩托車）

距離100m（1人）

德軍的瞄準線並無刻度，但能以敵士兵的肩寬為基準測量距離。

蘇軍

莫辛-納干M1891/30用的PU瞄準鏡，倍率為3.5倍。

瞄準線與德軍同為T字型。

美軍

M1903A4狙擊槍採用的M73B1。倍率為2.5倍。

瞄準線為十字型，並無刻度。

M82的瞄準線僅有1條垂直線。

1944年6月採用的M82瞄準鏡，用於M1步槍。

M84瞄準鏡改良自M82，1945年4月採用。

M84的瞄準線，將M82備受詬病的單根瞄準線改良成T字型。不過其倍率仍與M82同為2.5倍，比其他國家低。

173

彈鏈裝填器

彈鏈給彈式機槍的彈藥，基本上會將子彈以裝在彈鏈上的形式配發。然而，在前線有時也會碰到子彈與彈鏈分開配發，或必須重新將子彈裝回彈鏈的情況。進行裝填作業時，就會用到彈鏈裝填器。

德軍的彈鏈裝填器

《彈鏈裝填器41》

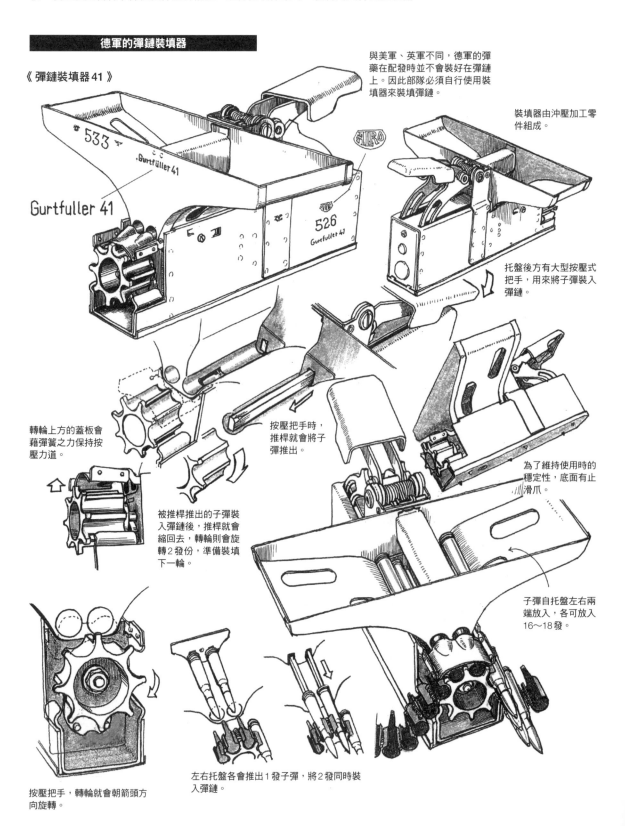

與美軍、英軍不同，德軍的彈藥在配發時並不會裝好在彈鏈上。因此部隊必須自行使用裝填器來裝填彈鏈。

裝填器由沖壓加工零件組成。

托盤後方有大型按壓式把手，用來將子彈裝入彈鏈。

為了維持使用時的穩定性，底面有止滑爪。

子彈自托盤左右兩端放入，各可放入16～18發。

轉輪上方的蓋板會藉彈簧之力保持按壓力道。

按壓把手時，推桿就會將子彈推出。

被推桿推出的子彈裝入彈鏈後，推桿就會縮回去，轉輪則會旋轉2發份，準備裝填下一輪。

按壓把手，轉輪就會朝箭頭方向旋轉。

左右托盤各會推出1發子彈，將2發同時裝入彈鏈。

《彈鏈裝填器34》

德軍於1934年採用的裝填器，體積比彈鏈裝填器41大，使用時必須固定於桌面上。

MG34與MG42使用的彈鏈是金屬材質的非分離式，每條可裝50發子彈。若要以連結套延長彈鏈，需在各彈鏈兩端裝入子彈才能連結。

連結套

②插入子彈後固定。

子彈自托盤放入。

①將連結套插入連結孔。

子彈由此處裝入彈鏈。

向前旋轉把手，將子彈裝入彈鏈。

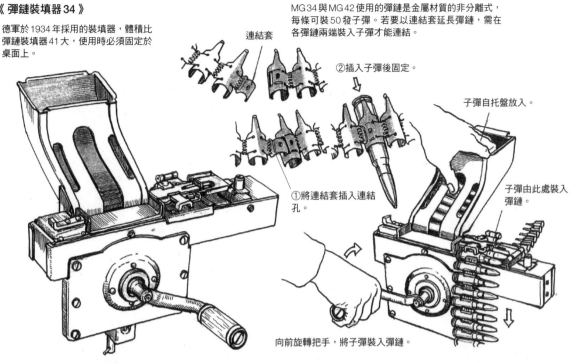

美軍

《白朗寧彈鏈裝填器CAL.30梭式》

M1917、M1919機槍的布製彈鏈裝填器。

子彈導槽

子彈

彈鏈

裝填轉把

將轉把朝箭頭方向旋轉，子彈就會依序裝入彈鏈。

導槽可裝入25發子彈。

《彈鏈裝填器16》

德軍MG08/15重機槍使用的布製彈鏈裝填器，體積與重量均大於34型、41型。

以這個C型夾固定於作業台。

12.7mm彈

金屬彈鏈

《M7彈鏈裝填器》

用來裝填M2重機槍12.7mm彈金屬彈鏈的裝填器，除了裝填之外，也能將子彈推出彈鏈。

《布製彈鏈》

〔英軍〕維克斯用250發

進彈導片

〔美軍〕M1917、M1919用250發

進彈導片

〔德軍〕MG08/15用250發

進彈導片

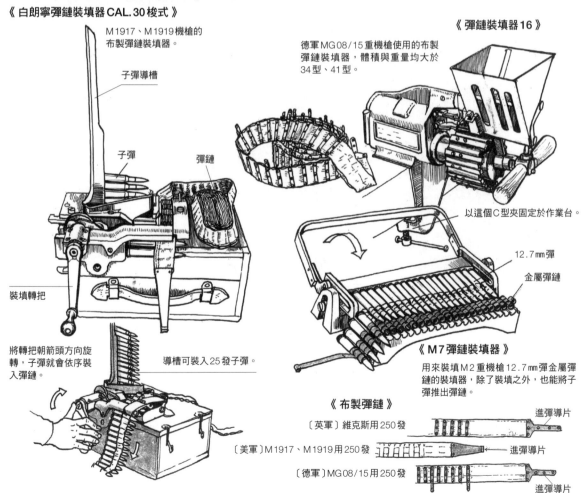

【圖解】第二次世界大戰
各國輕兵器

出　　　版／楓樹林出版事業有限公司
地　　　址／新北市板橋區信義路163巷3號10樓
郵 政 劃 撥／19907596　楓書坊文化出版社
網　　　址／www.maplebook.com.tw
電　　　話／02-2957-6096
傳　　　真／02-2957-6435
作　　　者／上田信
解　　　說／沼田和人
翻　　　譯／張詠翔
責 任 編 輯／陳亭安
內 文 排 版／洪浩剛
港 澳 經 銷／泛華發行代理有限公司
定　　　價／450元
初 版 日 期／2024年11月

圖解第二次世界大戰各國輕兵器／上田信
作；張詠翔譯. -- 初版. -- 新北市：楓樹林
出版事業有限公司, 2024.011 面；公分
ISBN 978-626-7499-39-9（平裝）

1. 兵器 2. 第二次世界大戰

595.5　　　　　　　　　　　113014787